佳能单反相机

摄影与视频拍摄从入门到精通

赵锐◎编著

化学工业出版社

·北京·

内 容 简 介

本书较为全面地讲解了佳能单反相机及相关配件的使用方法、与摄影相关的基本理论，以及风光、人像、动物、建筑、星轨等常见摄影题材的拍摄技巧。

考虑到许多摄影爱好者同时拍摄视频，因此本书也讲解了拍摄视频的相关理论及操作流程，以及口播、美食、VLOG、绿幕等视频的拍摄方法。

本书附赠一门佳能单反相机操作及视频拍摄基本理论的视频课程、一本人像摆姿摄影电子书（PDF），以及一本摄影常见题材拍摄技法及佳片赏析电子书（PDF）。

本书比较适合希望掌握使用佳能单反相机拍摄照片或视频技术的爱好者，同时也可用作开设了摄影、视频拍摄相关专业的各大中专院校教材。

图书在版编目（CIP）数据

佳能单反相机摄影与视频拍摄从入门到精通 / 赵锐编著. —北京：化学工业出版社，2023.7
ISBN 978-7-122-43284-1

Ⅰ. ①佳… Ⅱ. ①赵… Ⅲ. ①数字照相机-单镜头反光照相机-摄影技术 Ⅳ. ①TB86②J41

中国国家版本馆CIP数据核字（2023）第065088号

责任编辑：王婷婷　孙　炜　　封面设计：异一设计
责任校对：王　静　　装帧设计：盟诺文化

出版发行：化学工业出版社（北京市东城区青年湖南街13号　邮政编码100011）
印　　装：北京宝隆世纪印刷有限公司
710mm×1000mm　1/16　印张$12^1/_2$　字数253千字　2023年6月北京第1版第1次印刷

购书咨询：010-64518888　　售后服务：010-64518899
网　　址：http://www.cip.com.cn
凡购买本书，如有缺损质量问题，本社销售中心负责调换。

定　　价：118.00元

前　言

PREFACE

毫无疑问，在这个社会发展迅速的时代，摄影与摄像、线下与线上、娱乐与创业，正在相互融合，这给予了每一位摄影爱好者利用兴趣爱好进行创业变现的机会。

本书正是基于这样一个基本认识，针对正在使用佳能单反相机或正准备购买佳能单反相机的摄影爱好者，通过结构创新推出的整合了摄影与视频拍摄相关理论的学习书籍。

本书不仅讲解了使用佳能单反相机的摄影爱好者应该掌握的相机按钮、菜单功能，还讲解了摄影及拍摄视频共性基本理论，比如曝光三要素、色温与白平衡关系、对焦、测光、构图等用光理论等。

在视频拍摄方面，本书讲解了拍摄视频应该了解的软硬件知识，如拍摄视频常用稳定器、收音设备、灯光设备、提词器、外接电源；拍摄视频必须正确设置视频参数的意义，如视频分辨率、视频制式、码率、帧频、色深、Canon LOGO；拍摄视频要了解的镜头语言、运镜方式，并通过一个小案例示范了分镜头脚本的写作方法。

虽然本书理论内容丰富，但并不是一本“光说不练”的纯理论书籍，而是通过摄影及视频拍摄案例详细讲解了操作步骤。例如，笔者在第 9 章讲解了使用佳能单反相机拍摄常见摄影题材的具体步骤，在第 10 章讲解了拍摄口播、美食、绿幕、固定机位多镜头类型视频的基本流程与操作方法。

学习本书后，在摄影领域，各位读者将具有玩转手中的佳能单反相机、理解摄影基本理论、拍摄常见题材的基本能力；在视频拍摄领域，笔者虽然不能保证各位读者一定可以拍出流畅、精致的视频，但一定会对当前火热的视频拍摄有全局性认识。例如，不仅能知道应该购买什么样的硬件设备，在拍摄视频时应该如何设置画质、尺寸、帧频等参数，还将具备深入学习视频拍摄的理论基础，为以后拍摄微电影、VLOG 打下良好基础。

为了拓展本书内容，本书还将附赠一门佳能单反相机操作及视频拍摄基本理论的视频课程、一本人像摆姿摄影电子书（PDF）、一本摄影常见题材拍摄技法及佳片赏析电子书（PDF），获取方法请参考本书最后一页。

如果希望与笔者交流和沟通，可以添加本书专属微信 hjysysp，与作者团队在线沟通交流，还可以关注我们的抖音号“好机友摄影、视频”“北极光摄影、视频、运营”。

编著者

2023 年 3 月

目　录

CONTENTS

第 1 章　拍好照片、好视频的理念与相机基础操作

第 2 章　决定照片品质的曝光、对焦与景深

第 3 章　构图与用光美学基础理论

第4章 镜头基本概念及佳能单反镜头推荐

第5章 滤镜及脚架等附件的使用技巧

第6章 拍视频要理解的术语及必备附件

第 7 章　拍视频必学的镜头语言与分镜头脚本的撰写方法

第 8 章　录制常规、延时及慢动作视频的参数设置方法

第9章 人像、风光、动物、建筑、星轨等题材实战拍摄技巧

第10章 口播、美食、VlOG、绿幕等视频实战拍摄方法

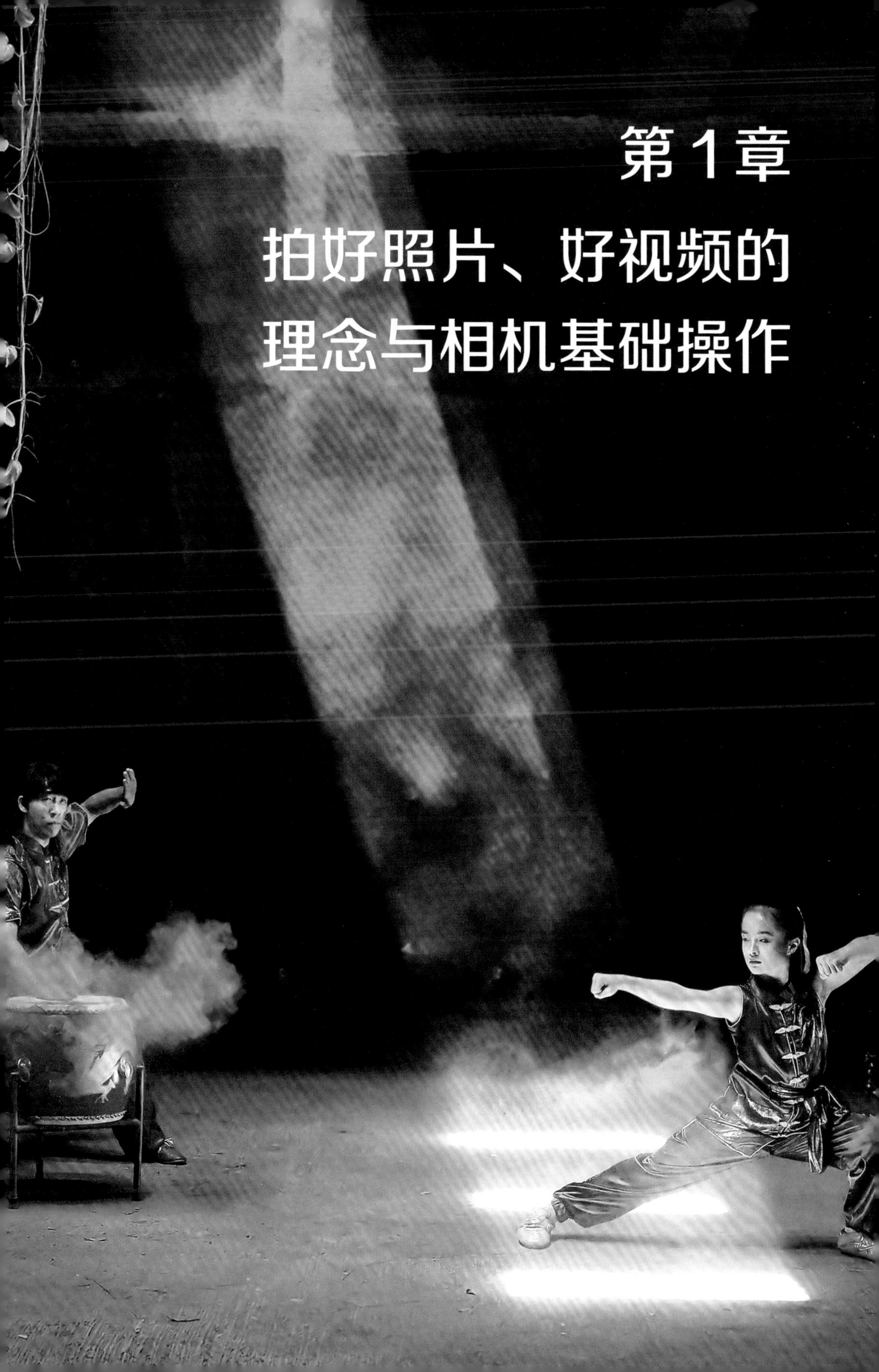

第 1 章
拍好照片、好视频的理念与相机基础操作

好照片的 4 个标准

照片分为很多类型，如纪实类、概念类、沙龙类等，每种类型都有不同的标准，在此仅讨论追求形式美感的沙龙类照片。

主体突出

绝大多数摄影爱好者在日常拍摄时总是贪大求全，努力将看到的所有景物都“装”到照片里，导致照片主体不突出，让观众不知道照片要表现的对象是哪一个。当然，这样的照片也就无法给人留下深刻印象。要避免出现这个问题，就需要认真学习构图方法，并将其灵活运用在日常拍摄活动中。

在深色背景的衬托下，舞台上的演员在画面中非常突出

有形式美感

优秀的摄影作品，一定具有较强的画面美感，这个特点并不会因为拍摄器材的不同而改变。换句话说，一幅摄影作品被发布到网络上或者上传到微信朋友圈后，绝大多数人对于这张照片的评判标准，仍然是构图是否精巧、光影是否精彩、主题是否明确、色彩是否迷人等。所以，不管用什么相机拍摄，都不可以在画面的形式美感方面降低要求。

曝光正确

通俗地讲，“曝光”就是一张照片的亮度。如果一张照片看上去黑乎乎的，就是“欠曝”；看上去白茫茫一片，就是“过曝”；而一张照片的亮度合适，就称为“正常曝光”。曝光没有标准，但有正确与否的标准，正确的曝光能够让画面主体更突出、形式美感更强。

画面清晰

除非故意拍出动态模糊效果，否则照片中的焦点或视觉重点处的景、物、人就应该是清晰的，这是一张好照片的基本要求。

导致画面焦点模糊通常有以下 3 个原因。

第一个原因是手抖导致在拍摄过程中相机出现晃动；第二个原因是景物运动速度过快；第三个原因则是对焦不准，没有对希望清晰表现的区域进行准确合焦。只要注意以上 3 点，就可以拍摄出一张画面焦点清晰的照片。

对焦准确及稳定相机拍摄，使花瓣上的水滴在画面中非常清晰

好视频的 6 个标准

视频也分为很多类型，每种类型有不同的标准，在此仅讨论当前火爆的短视频及中视频。

有价值

优质视频的核心要点是给予用户价值，这个价值可以是一种知识，也可以是一种趣味，甚至可以是满足用户的猎奇心理或纯粹的视觉享受。从本质上说，视频创作者及视频观看者在观看视频时其实形成了价值交换，创作者给予的是有价值的信息，用户给出的是自己的关注度及观看时长、点赞、收藏。创作者只有明白了价值互换的原则，才能以观众为中心创作出好视频。

节奏流畅

在观看节奏流畅的视频时让人有一种酣畅淋漓的感觉。创作者可以通过镜头的组接、角度的变化、背景音乐的烘托及情节的铺陈，逐步引导观众在不知不觉中完成观看。这就需要创作者有较强的前期拍摄的脚本规划，以及后期剪辑、配音、配乐的功底。

画质高

视频画质高包括视频画面干净整洁、焦点处人或景清晰、视频分辨率高、画面无噪点、曝光正确等多个标准。

其中，对焦清晰、画面无噪点、曝光正确均依赖于创作者在学习摄影时打下的基础。因为在拍摄视频时，使用的技术及涉及的理论与摄影是相通的。

音质高

视频音质高包括背景无噪声、无杂音，有合适的背景音乐或音效。抖音短视频之所以让人着迷，有一大部分原因就是视频有好听的背景音乐或音效，所以提升音乐素养是每一个视频创作者的必修课。而在技术层面要达到背景无噪声、无杂音并非难事，在合适的收音场使用中档收音器材即可。

镜头语言丰富

使用丰富灵活的镜头语言，可以更好地突出视频的主题，提升视频的形式美感。好的视频创作者均能够熟练运用景别、运镜方式及镜头间的转场方式，这一部分内容在本书也有详细讲解。

配字幕

并不是所有视频都需要字幕，例如，风景 VLOG、宠物视频、魔术视频大多不需要字幕，即便视频有旁白及对话，如果时间不太长，也不一定需要配字幕。但可以肯定的是，配字幕的视频的观看体验强于无字幕的视频，而且全国听障人士据统计已近 5000 万，配字幕也是关爱残疾人士的一种体现。

掌握佳能单反相机按钮的使用方法

许多摄影爱好者都曾遇到过这样的情况，在有局域光、耶稣光照射的场景拍摄，有时还没设置好拍摄参数，光线就消失了。这种因为设置相机的菜单或功能参数而错失拍摄时机的情况，对摄影爱好者来说，是一件非常遗憾的事情。针对这种情况，最好的解决方法之一，就是熟悉相机基本按钮的使用方法，掌握快速设置常用参数的方法。

本节讲解了两个重要按钮的使用方法，但这对于掌握相机的基本操作很显然是远远不够的，各位读者可以参考本书附赠的视频课程，学习相机更多按钮的使用方法。

认识相机的速控按钮

佳能各个型号相机的机身背面都提供了速控按钮Q，在开机的情况下，按下此按钮即可开启速控屏幕，在液晶监视器上进行所有的查看与设置工作。

在照片回放状态下，如果按下Q按钮，即可调用此状态下的速控屏幕。此时，通过选择速控屏幕中的不同图标，可以进行保护图像、旋转图像等操作。

速控按钮

使用速控屏幕设置参数的方法如下。

1.在打开相机的情况下，按机身背面的Q按钮。

2.按◀▶▲▼方向键可以选择要设置的功能。被选中的功能参数周围会显示黄色框。

3.转动主拨盘或速控转盘调整参数。

4.按SET按钮可以进入该项目的具体参数设置界面，根据参数选项的不同，需要结合方向键、主拨盘来设置参数。设置参数完毕后，按SET按钮即可保存并返回速控屏幕界面。

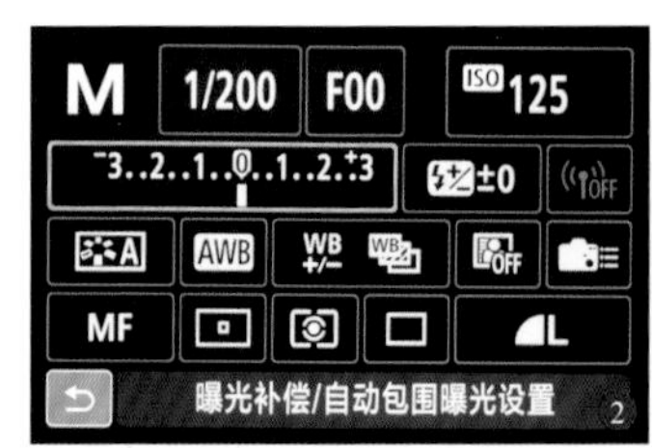

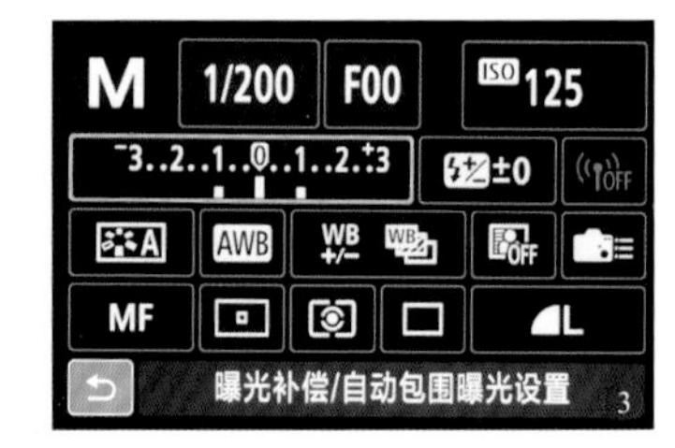

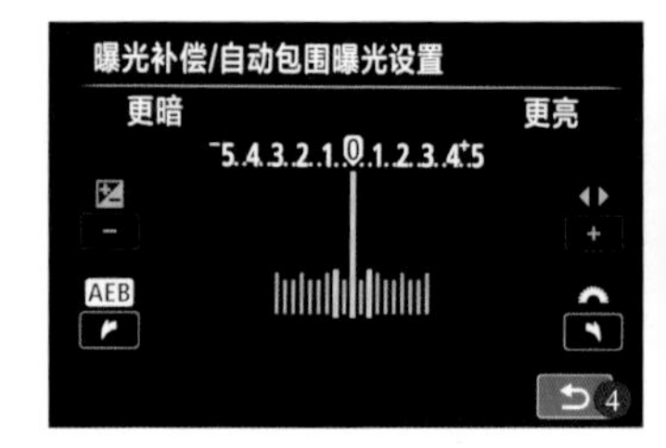

使用 INFO. 按钮随时查看拍摄参数

在拍摄过程中，通常要随时查看相机的拍摄参数，以确认当前拍摄参数是否符合拍摄场景。在相机开机状态下，按下 INFO. 信息按钮即可在液晶显示屏上显示参数。

当相机处于拍摄状态时，每次按下此按钮，可以分别显示相机设置、电子水准仪及显示拍摄功能 3 种界面，便于用户在拍摄过程中随时查看相关参数并做出调整。例如，在拍摄有水平线或地平线的画面时，可以利用电子水准仪辅助构图。

INFO. 按钮

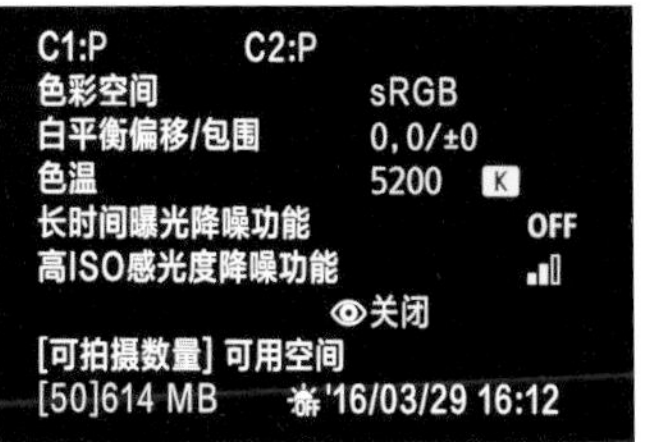

显示相机设置

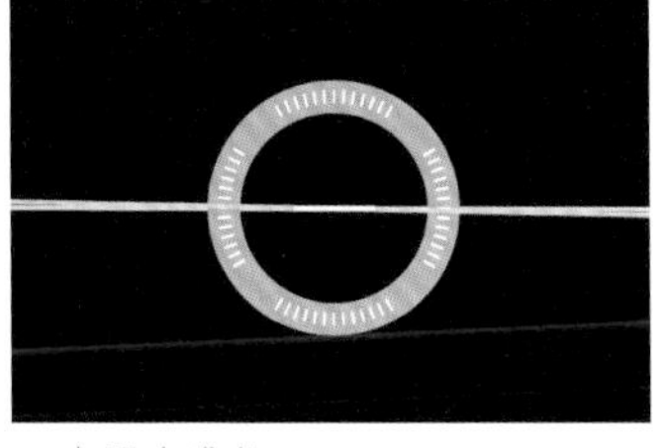
电子水准仪

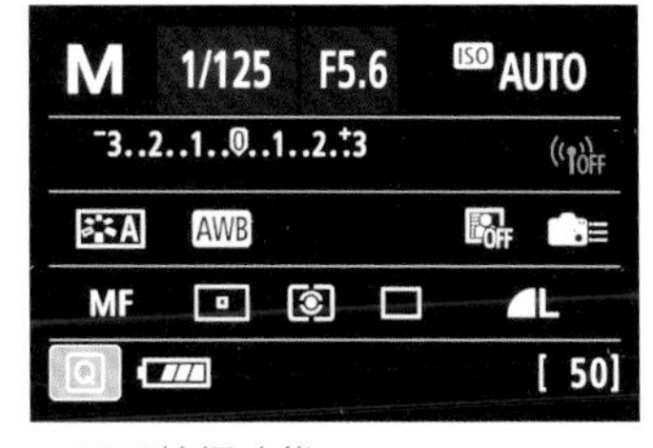

显示拍摄功能

下图是回放照片时按下 INFO. 按钮显示的详细信息界面，各种图标、数字、字符代表的含义如下。

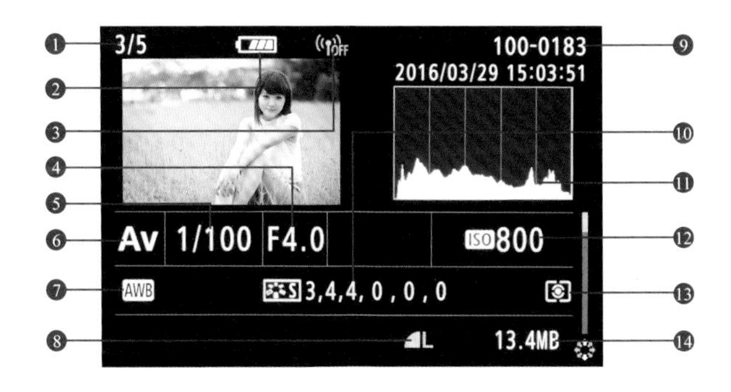

❶ 回放编号 / 总文件编号
❷ 电池电量
❸ Wi-Fi 功能
❹ 光圈值
❺ 快门速度值
❻ 曝光模式
❼ 白平衡
❽ 图像画质
❾ 文件夹编号 - 文件编号
❿ 照片风格
⓫ 柱状图
⓬ ISO 感光度值
⓭ 测光模式
⓮ 文件大小

掌握佳能单反相机重要菜单

本节讲解若干重要菜单的使用方法，对于学习相机更多菜单的使用方法，各位读者可以参考本书附赠的视频课程。

设置文件格式、分辨率和画质

在设置图像的画质之前，应先了解一下图像的分辨率。图像的分辨率越高，制作大照片的质量就越理想，在电脑后期处理时裁剪的余地就越大，同时文件所占空间也就越大。以Canon EOS 5D Mark Ⅳ为例，此相机可拍摄图像的最大分辨率为6720×4480，因此照片有很大的后期处理空间。

在右图所示的菜单中可以选择照片文件格式为RAW或JPEG。JPEG格式的优点是文件小、通用性高，适合网络发布、家庭照片洗印等。虽然JPEG格式压缩率较高，照片损失了细节，但肉眼基本看不出来，因此是一种最常用的文件存储格式。

RAW格式充分记录了拍摄时的各种原始数据，具有极大的后期调整空间，因而在专业摄影领域常使用此格式进行拍摄。其缺点是文件容量特别大，尤其是在连拍时会极大地减少连拍的数量。

此外，还可以选择分辨率为L（大）、M（中）或S（小），或从精细（◢）、基本（◢）中选择照片画质。

就图像质量而言，虽然采用“精细”和“基本”品质拍摄的结果，在相机小屏幕上通过肉眼不容易分辨出来，但画面的细节和精细程度还是有区别的。因此，除非万不得已（如存储卡空间不足等），应尽可能使用“精细”品质。

❶ 在**拍摄菜单1**中选择**图像画质**选项

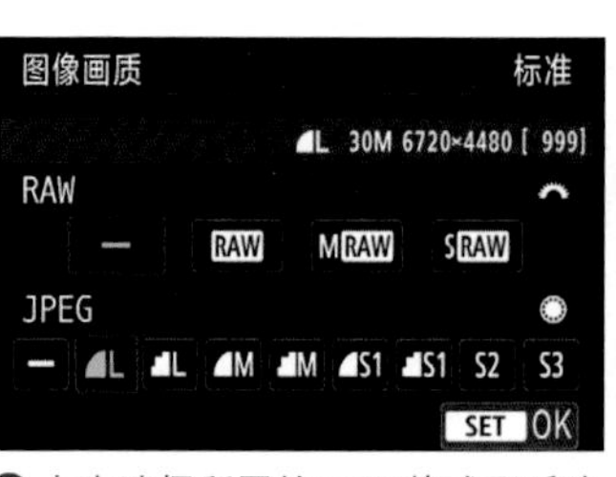

❷ 点击选择所需的RAW格式画质选项，或者JPEG格式画质选项，然后点击SET OK图标确定

高光警告

选择“高光警告”菜单中的“启用”选项，可以帮助用户发现所拍摄照片中曝光过度的区域，如果想要表现曝光过度区域的细节，就需要适当减少曝光。

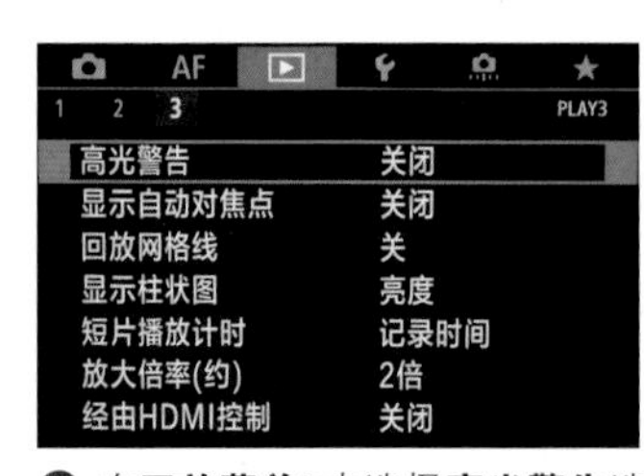

❶ 在**回放菜单3**中选择**高光警告**选项

❷ 点击选择**启用**选项

❸ 在回放照片时，相机会以黑色的闪烁色块，显示出曝光过度的高光区域

显示自动对焦点

在“显示自动对焦点”菜单中选择“启用”选项，则回放照片时对焦点将以红色小方框的形式显示。这时，如果发现焦点不准确可以重新拍摄。

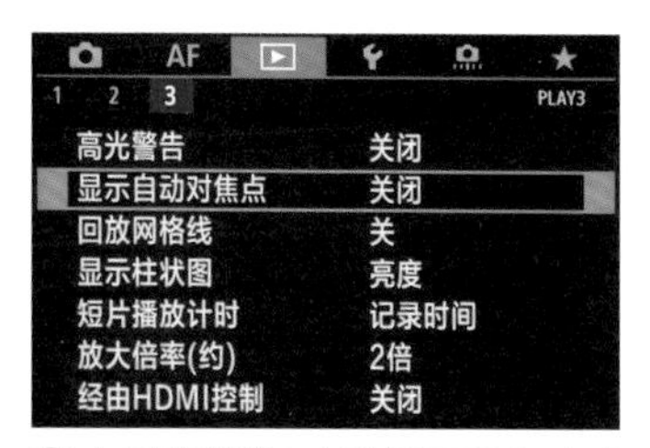

❶在**回放菜单3**中选择**显示自动对焦点**选项

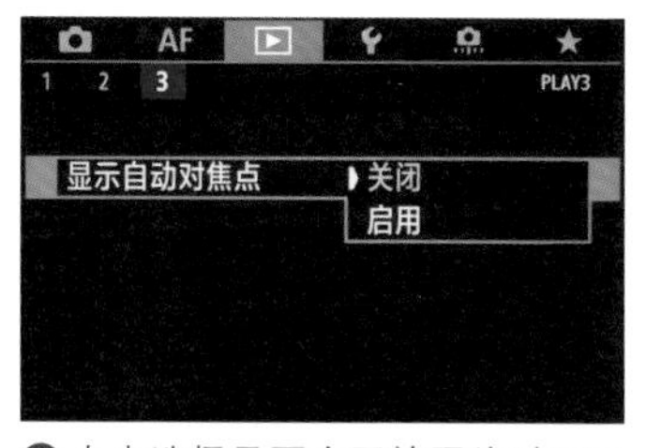

❷点击选择是否在回放照片时显示对焦点

❸启用显示自动对焦点功能后，在回放照片时会显示红色的对焦点

多功能锁

为了避免在拍摄时误操作主拨盘、速控转盘或多功能控制钮，按自动对焦区域选择按钮或点击触摸屏等而意外更改相机设置，可以在此处指定要锁定的对象，然后在相机上将LOCK▶开关置于右侧，即可锁定此菜单中选定的项目。

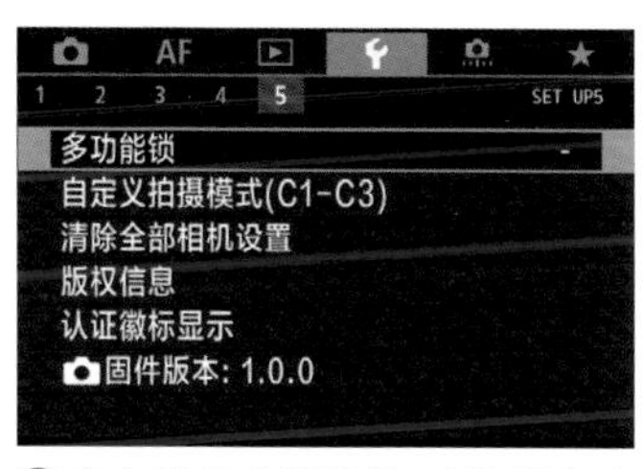

❶在**自定义功能菜单5**中选择**多功能锁**选项

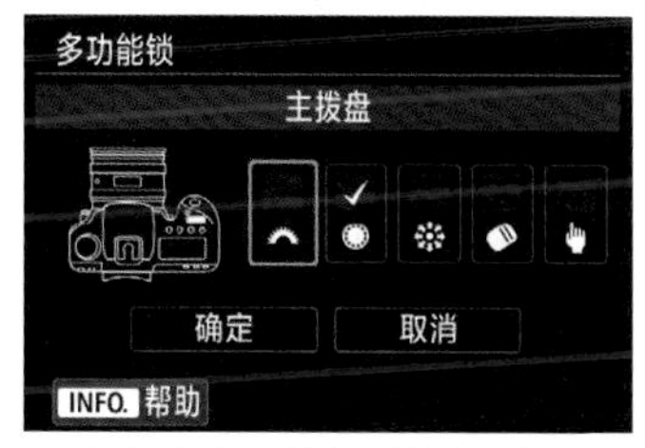

❷点击选择所需选项的小方框，添加勾选标记，选择完成后点击**确定**选项

自定义控制按钮

Canon EOS 5D Mark Ⅳ机身上有很多按钮，并且分别被赋予了不同的功能，以便于我们进行快速的设置。根据个人的不同需求，我们还可以分别为这些按钮重新指定功能。

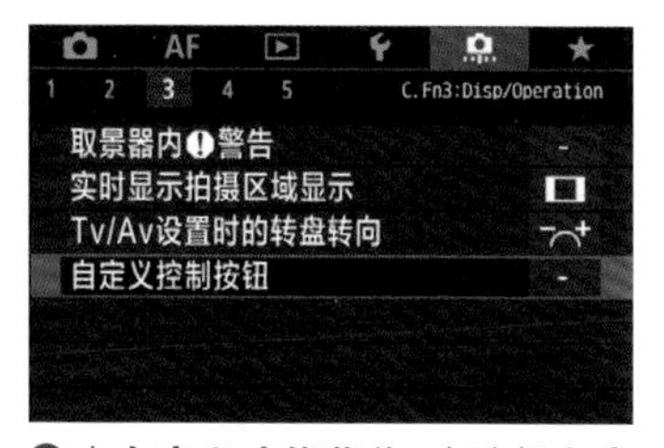

❶在**自定义功能菜单3**中选择**自定义控制按钮**选项

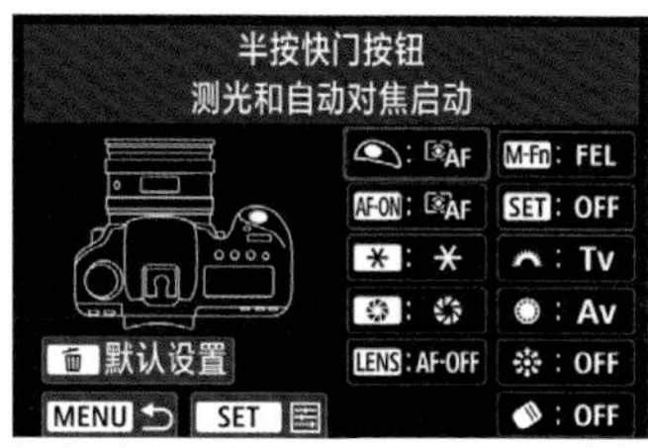

❷选择要重新定义的按钮

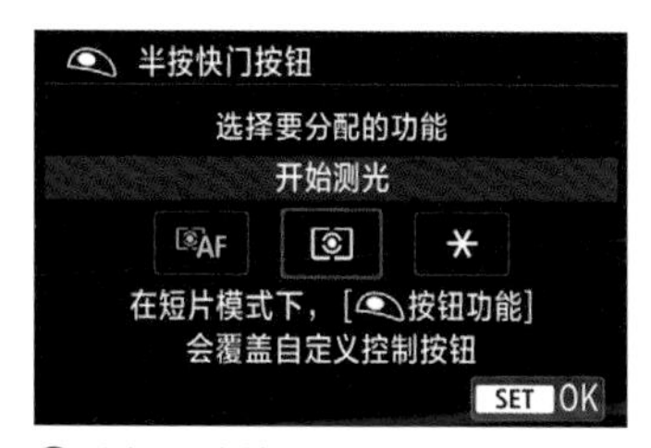

❸选择为该按钮分配的功能，然后点击SET OK图标确定

自动关闭电源

在“自动关闭电源”菜单中可以选择自动关闭电源的时间。在设置完成后，如果不操作相机，那么相机将会在设定的时间自动关闭电源，从而减少电池的电能消耗。

■ 1分/2分/4分/8分/15分/30分：选择相应选项，相机将会在选择的时间关闭电源。

■ 关闭：选择此选项，即使在30分钟内不操作相机，相机也不会自动关闭电源。在液晶监视器被自动关闭后，按下任意按钮可唤醒相机。

❶ 在**设置菜单2**中选择**自动关闭电源**选项

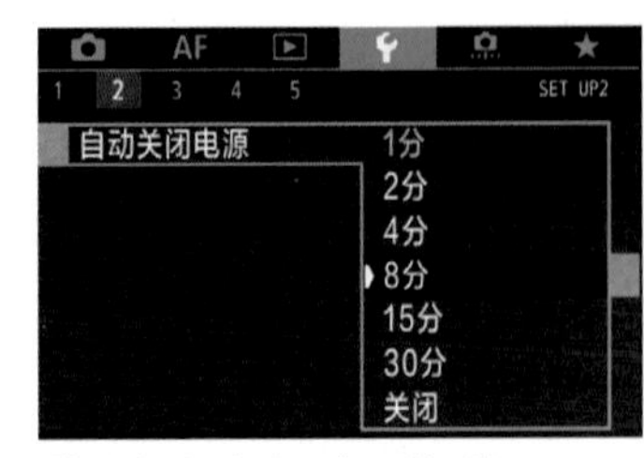

❷ 选择自动关闭电源的时间

清除全部相机设置

利用“清除全部相机设置”功能可以一次性清除所有设定的自定义功能，将相机恢复到出厂时的默认状态，免去了逐一清除的麻烦。

初学者经常会遇到各种选项或相机操作失灵的情况，此时，好的方法之一就是用此菜单清除相机设置。

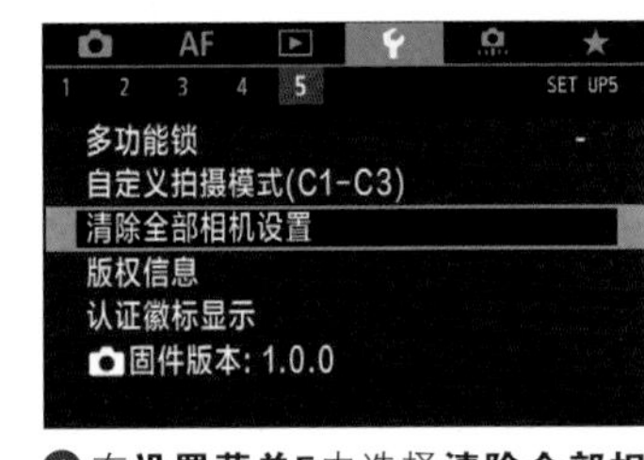

❶ 在**设置菜单5**中选择**清除全部相机设置**选项

❷ 点击**确定**按钮即可

未装存储卡释放快门

利用“未装存储卡释放快门”菜单可防止摄影师在未安装储存卡的情况下进行拍摄。

建议始终选择“关闭”选项，以使相机在未安装储存卡时无法按下快门。

此选项看似简单，但经过实践经验，的确对摄影初学者很有帮助。

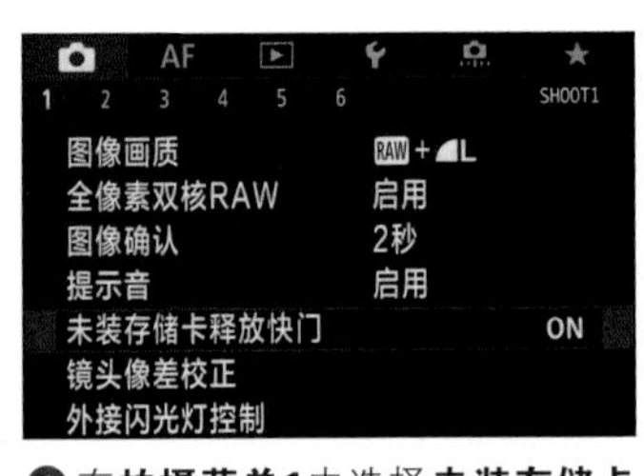

❶ 在**拍摄菜单1**中选择**未装存储卡释放快门**选项

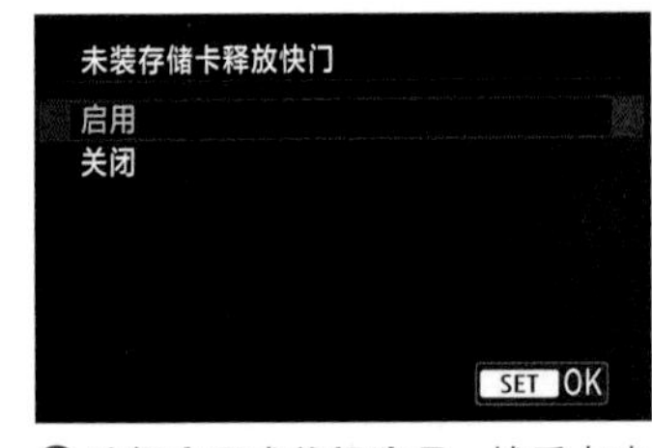

❷ 选择**启用**或**关闭选项**，然后点击SET OK图标确定

取景器显示

Canon EOS 5D Mark Ⅳ相机可以在取景器中显示网格线、电子水准仪、电池、白平衡、驱动模式、自动对焦模式、测光模式、图像画质、数码镜头优化、全像素双核RAW、闪烁检测等功能指示图标。但由于取景器空间较小，显示太多的功能指示图标有时候反而会干扰拍摄。在这种情况下，摄影师可以通过“取景器显示”菜单隐藏部分功能指示图标。当需要显示某种功能指示图标时，可再次通过此菜单将其显示出来。

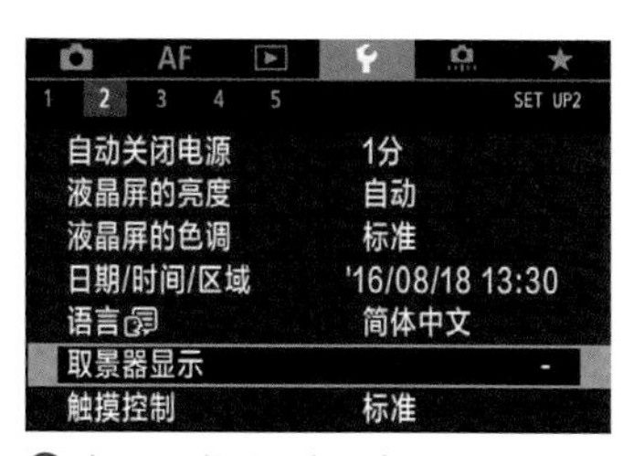

❶ 在**设置菜单2**中选择**取景器显示**选项

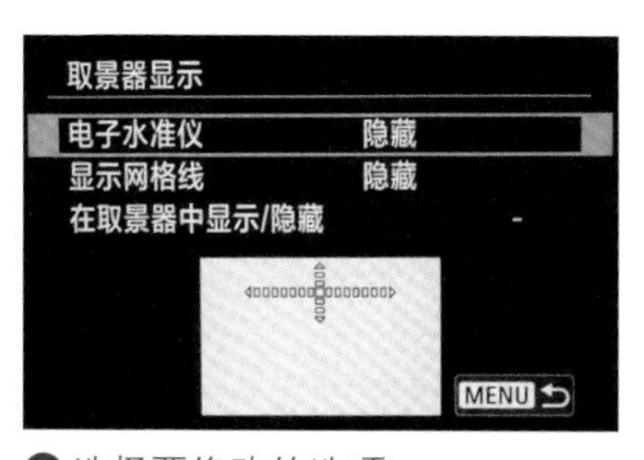

❷ 选择要修改的选项

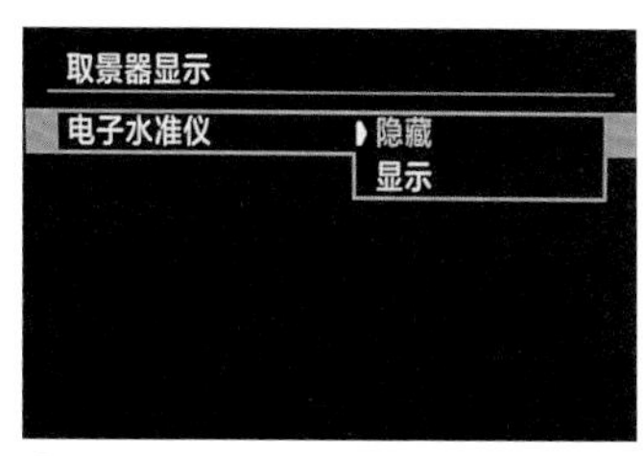

❸ 若在步骤❷中选择**电子水准仪**选项，可以选择**隐藏**或**显示**选项

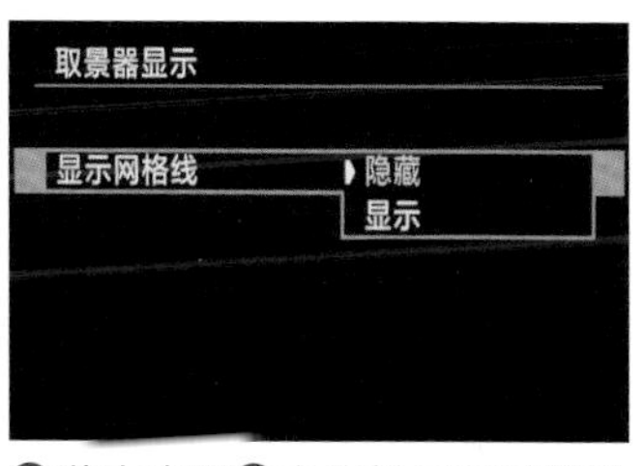

❹ 若在步骤❷中选择**显示网格线**选项，可以选择**隐藏**或**显示**选项

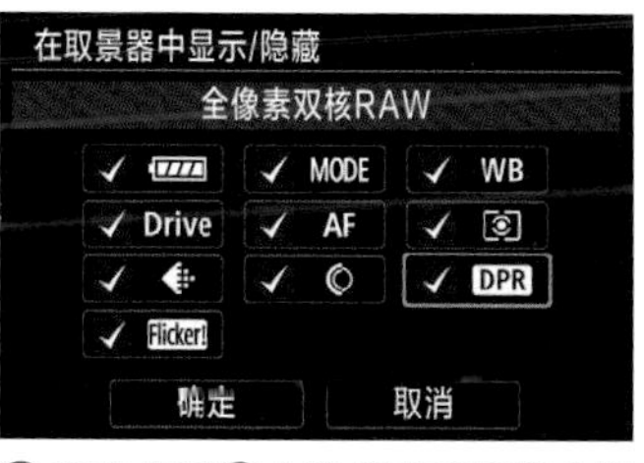

❺ 若在步骤❷中选择**在取景器中显示/隐藏**选项，再次选择要显示的选项

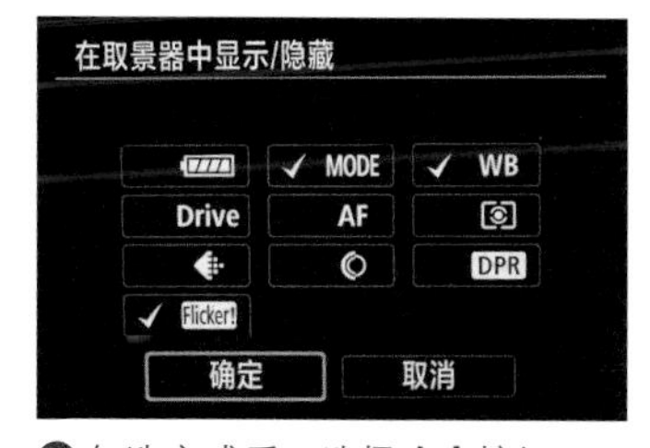

❻ 勾选完成后，选择**确定**按钮

■ 电子水准仪：选择此选项，可以设置在取景器中显示或隐藏电子水准仪。当显示电子水准仪后，可以在拍摄期间校正相机在垂直和水平方向的倾斜。

■ 显示网格线：选择此选项，可以设置是否在取景器中显示6×4的辅助网格。

■ 在取景器中显示/隐藏：选择此选项，可以设置是否在取景器中显示电池、白平衡、驱动模式、自动对焦操作、测光模式、图像画质、数码镜头优化、全像素双核RAW、闪烁检测等指示图标。

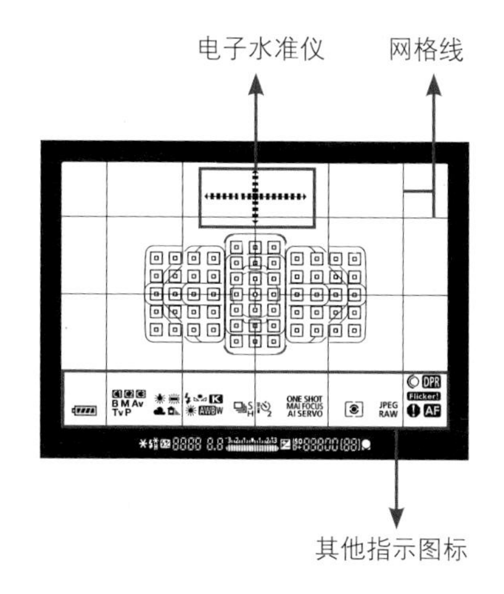

使用INFO.按钮显示的内容

Canon EOS 5D Mark Ⅳ为INFO.按钮提供了4个设置选项，用于设置在拍摄状态下按下INFO.按钮时是否显示相机设置、电子水准仪、速控屏幕和自定义速控屏幕界面。

要注意的是，即使取消显示电子水准仪，在开启“实时显示拍摄”和“短片拍摄”功能时，按下INFO.按钮后，电子水准仪仍会出现。

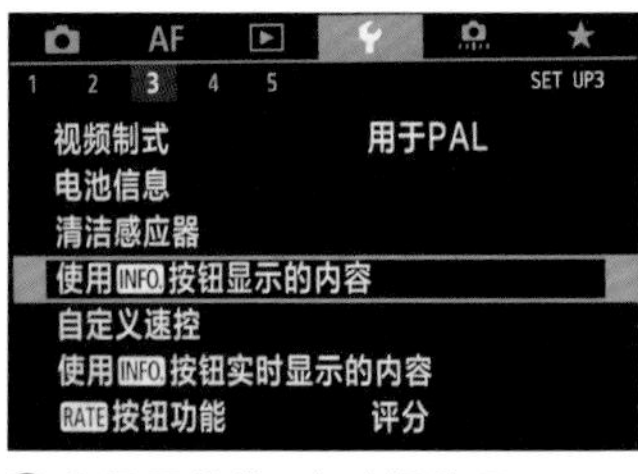

❶ 在**设置菜单3**中选择**使用INFO.按钮显示的内容**选项

❷ 点击左侧的小方框添加勾选标记，选择所需选项

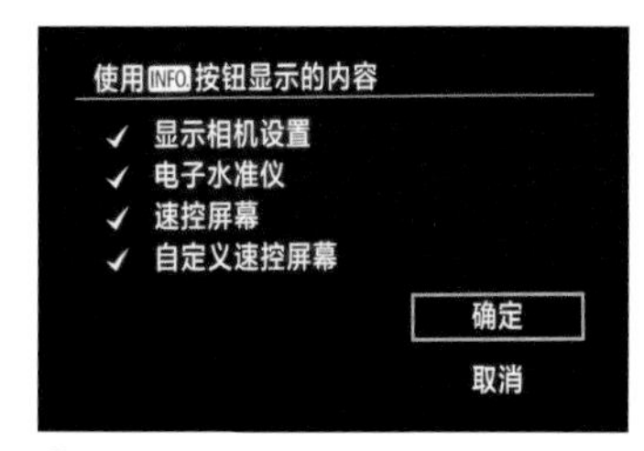

❸ 选择完成后，点击**确定**按钮

■ 显示相机设置：选择此选项，可在液晶监视器上显示白平衡图标、存储卡可用空间等。

■ 显示水准仪：选择此选项，将启用相机自带的电子水准仪功能，以验证相机是否为水平状态。在Canon EOS 5D Mark Ⅳ中，除了可以显示水平方向的倾斜，还可以显示垂直方向的倾斜，从而帮助我们更好地验证相机是否处于水平状态。

■ 速控屏幕：选择此选项，将显示速控屏幕，可以在液晶监视器中进行参数设置。

■ 自定义速控屏幕：选择此选项，将显示摄影师在“设置菜单3”的“自定义速控”中编辑好的速控屏幕界面。

当勾选了所有选项后，在拍摄状态下，每按一次INFO.按钮，将依次按下面的顺序进行切换。

❶ 按下INFO.按钮

❷ 显示相机设置界面

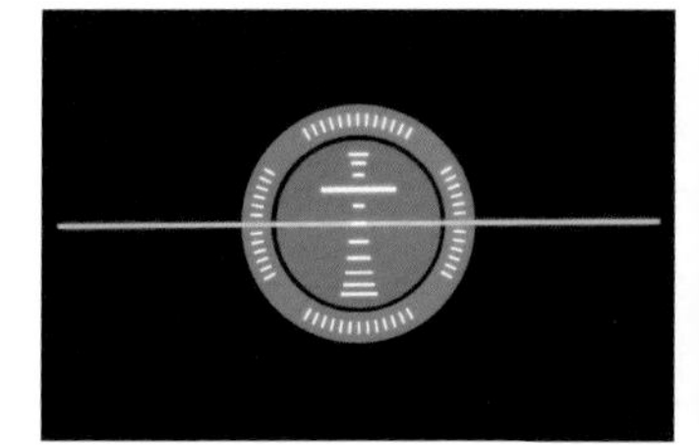

❸ 电子水准仪界面

❹ 速控屏幕界面

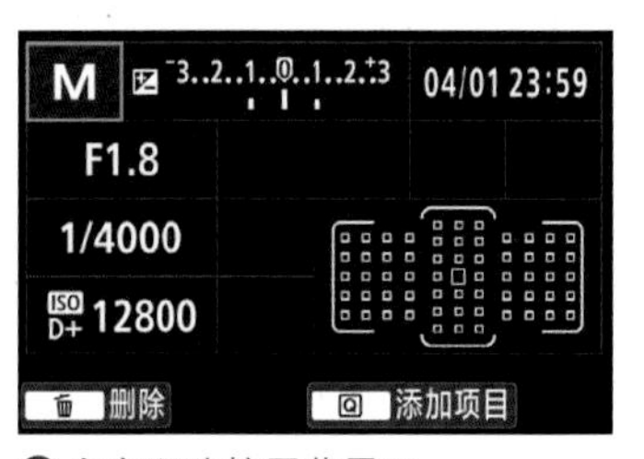

❺ 自定义速控屏幕界面

长时间曝光降噪功能

相机的电子结构决定了在使用相机拍摄时，曝光的时间越长，则照片上的噪点就越多。此时，可以启用“长时间曝光降噪功能”消减画面中的噪点。

建议选择“自动”选项，使相机在曝光时间超过1秒且检测到噪点时，自动执行降噪处理。

需要注意的是，降噪处理需要时间，而这个时间可能与拍摄时间相同。在将“长时间曝光降噪功能”设置为“启用”后，若使用实时显示模式进行长时间曝光拍摄，那么在降噪处理过程中将显示“BUSY”，直到降噪完成，在这期间将无法继续拍摄照片。因此，通常情况下建议将它关闭，在需要进行长时间曝光拍摄时再开启。

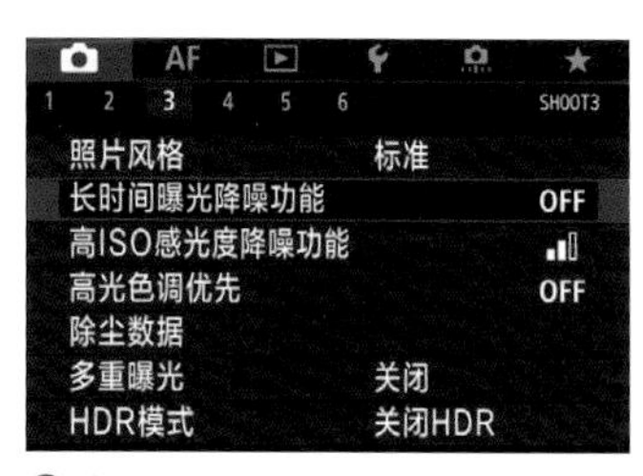

❶在**拍摄菜单3**中选择**长时间曝光降噪功能**选项

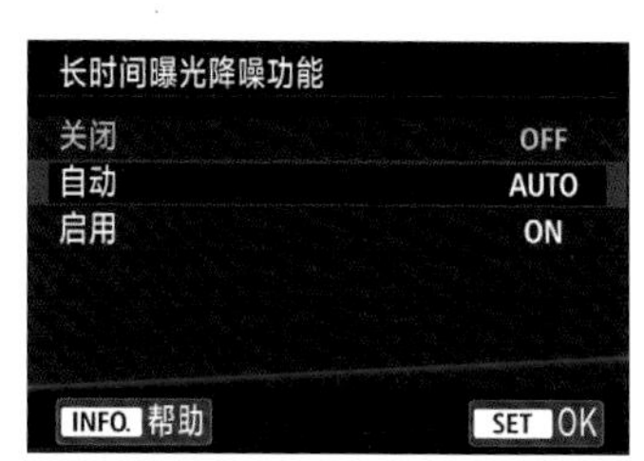

❷选择所需的选项，然后点击SET OK图标确定

高ISO感光度降噪功能

利用高ISO感光度降噪功能，可以有效地减少使用较高的ISO值拍摄的照片的噪点，即使拍摄时使用的是较低的ISO值，也可以减少照片阴影区域的噪点。

在“高ISO感光度降噪功能”菜单中共有5个选项，摄影师可以根据噪点的多少来改变其设置。

需要特别指出的是，与应用“强”时相比，应用“多张拍摄降噪”能够在保持更高图像画质的情况下进行降噪，其原理是连续拍摄4张照片并将其自动合并成一幅JPEG格式的照片，但当图像画质被设为RAW或RAW+JPEG时，此选项不可选。

另外，当将“高ISO感光度降噪功能”设置为“强”时，将使相机的连拍数量减少。

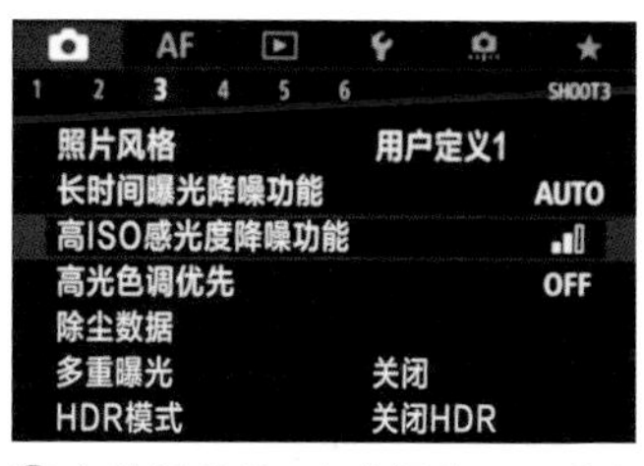

❶在**拍摄菜单3**中选择**高ISO感光度降噪功能**选项

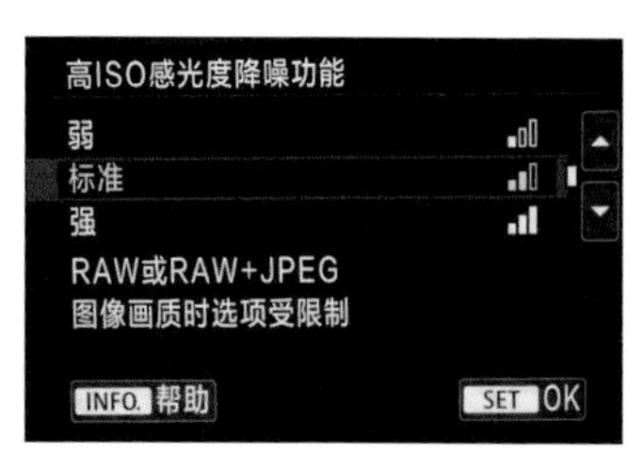

❷选择不同的选项，然后点击SET OK图标确定

提示音

提示音常见的作用就是在对焦成功时发出清脆的声音，以便摄影师确认是否对焦成功。除此之外，提示音在自拍时可以用于自拍倒计时提示。

在平常拍摄时建议选择“启用”选项，在严肃会议或静穆的场景下拍摄应选择“关闭”选项。

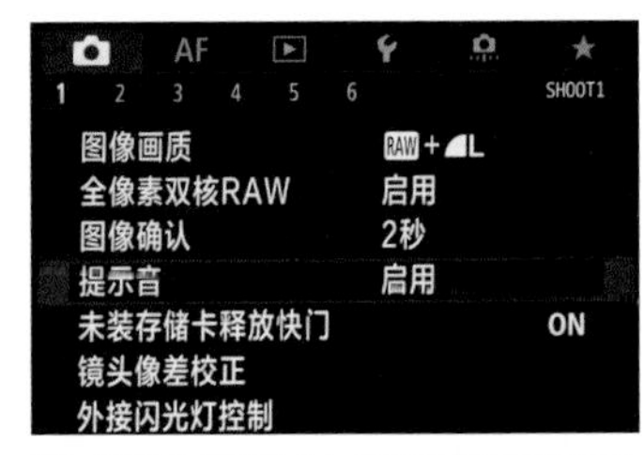

❶ 在**拍摄菜单1**中选择**提示音**选项

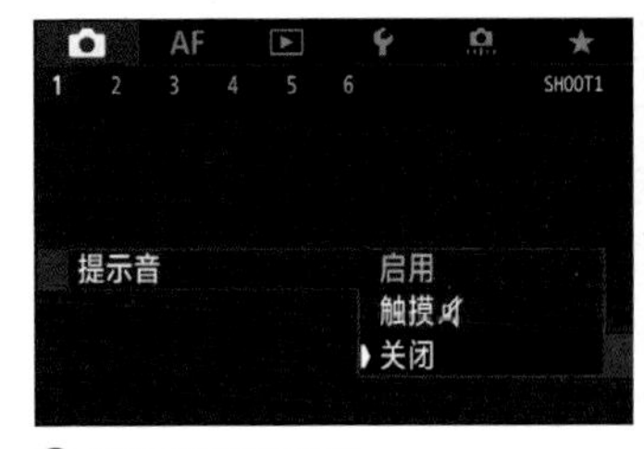

❷ 选择所需的选项

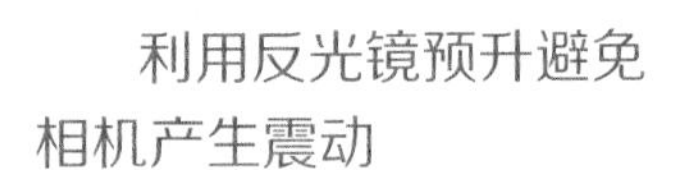

利用反光镜预升避免相机产生震动

使用反光镜预升功能可以有效地避免由于相机震动而导致的图像模糊。

当拍摄微小静物或其他对象时，选择“启用”选项，然后对拍摄对象对焦，完全按下快门后释放。这时反光镜已经升起，再次按下快门或经过几秒即可进行拍摄。换言之，使用此功能拍摄时，要按两次快门按钮。

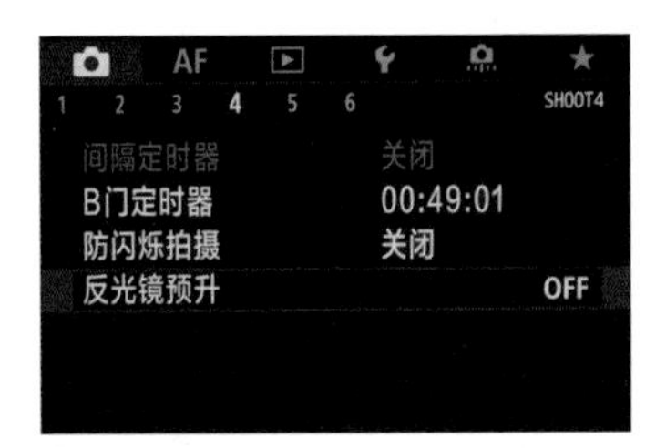

❶ 在**拍摄菜单4**中选择**反光镜预升**选项

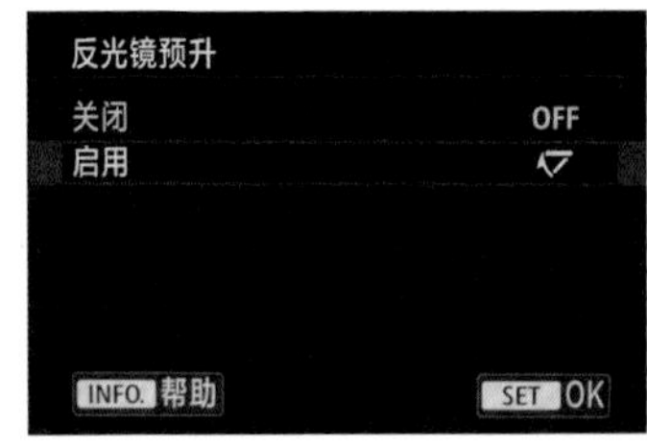

❷ 选择**启用**或**关闭**选项，然后点击SET OK图标确定

设置曝光等级增量控制调整幅度

在“曝光等级增量”菜单中可以设置光圈、快门速度、感光度及曝光补偿等数值的变化幅度，通常建议选择“1/3级”选项，以使曝光参数增减幅度小一些，以满足需要精确设置曝光参数的拍摄场景。

❶ 在**自定义功能菜单1**中选择**曝光等级增量**选项

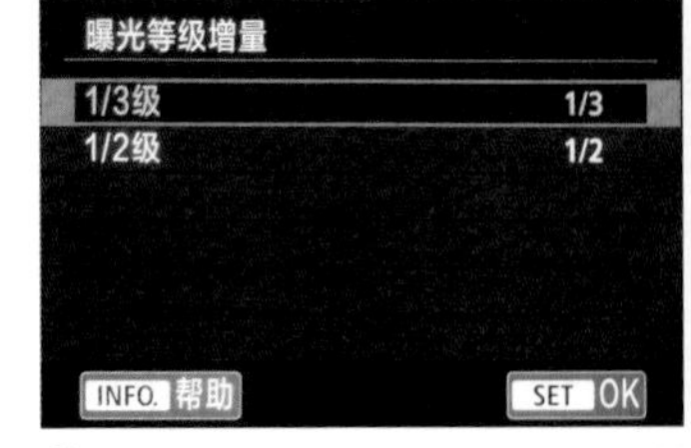

❷ 选择一个选项，然后点击SET OK图标确定

利用高光色调优先增加高光区域细节

“高光色调优先”功能可以有效地增加高光区域的细节，使灰度与高光之间的过渡更加平滑。这是因为开启这一功能后，可以使拍摄时的动态范围从标准的18%灰度扩展到高光区域。

但是，当使用该功能拍摄时，画面中的噪点可能更加明显。启用“高光色调优先”功能后，将会在液晶显示屏和取景器中显示“**D+**”符号。相机可以设置的ISO感光度范围也变为ISO200~ISO32000。

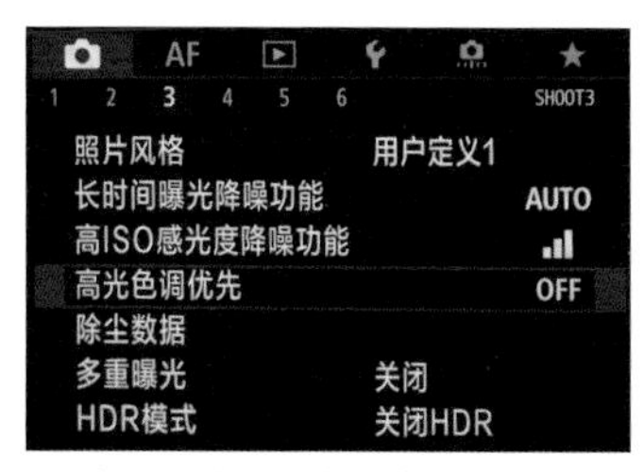

❶ 在**拍摄菜单3**中选择**高光色调优先**选项

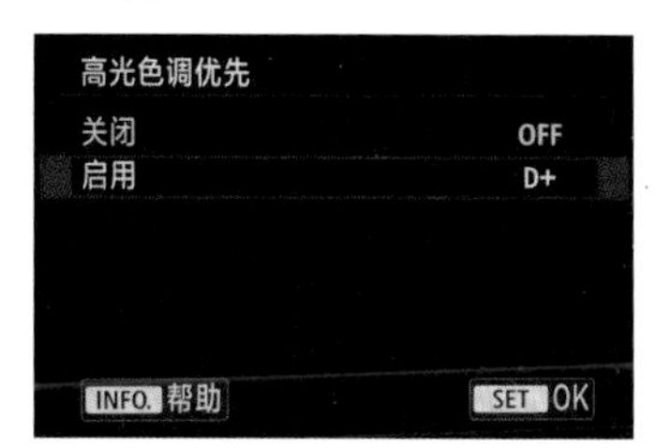

❷ 选择**关闭**或**启用**选项，然后点击SET OK图标确定

与方向链接的自动对焦点

在水平或垂直方向之间切换拍摄时，常常遇到的一个问题就是在切换至不同的方向时，会使用不同的自动对焦区域选择模式及对焦点/区域的位置，此时，就可以在此菜单中指定横拍与竖拍时的对焦点位置。

■ 水平/垂直方向相同：选择此选项，无论如何在横拍与竖拍之间切换，对焦点都不会发生变化。

■ 不同的自动对焦点（区域+点）：选择此选项，将允许针对3种情况来设置自动对焦区域选择模式，以及对焦点/区域的位置，即水平、垂直（相机手柄朝上）、垂直（相机手柄朝下）。当改变相机方向时，相机会切换到为该方向设定的自动对焦区域选择模式和手动选择的自动对焦点（或区域）。

■ 不同的自动对焦点（仅限点）：选择此选项，即为水平、垂直（相机手柄朝上）、垂直（相机手柄朝下）分别设定自动对焦点。当改变相机方向时，相机会切换到设定好的自动对焦点。在拍摄期间，即使改为“定点自动对焦”“单点自动对焦”“扩展自动对焦区域（十字）或“扩展自动对焦区域（周围）”等自动对焦区域选择模式，为各方向设定的自动对焦点也会被保留。如果选择“区域自动对焦”或“大区域自动对焦”模式，会按相机方向自动切换区域位置。

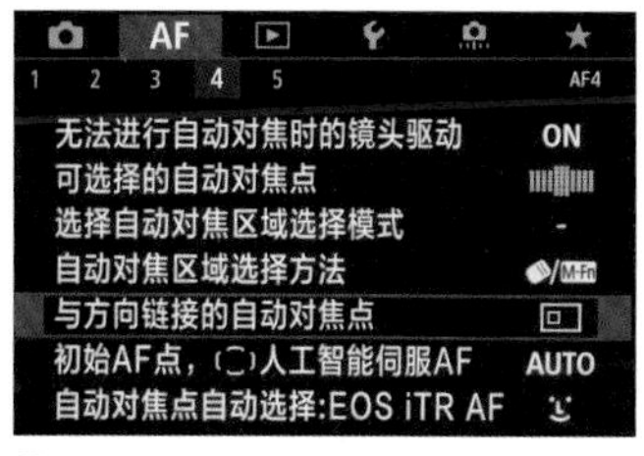

❶ 在**自动对焦菜单4**中选择**与方向链接的自动对焦点**选项

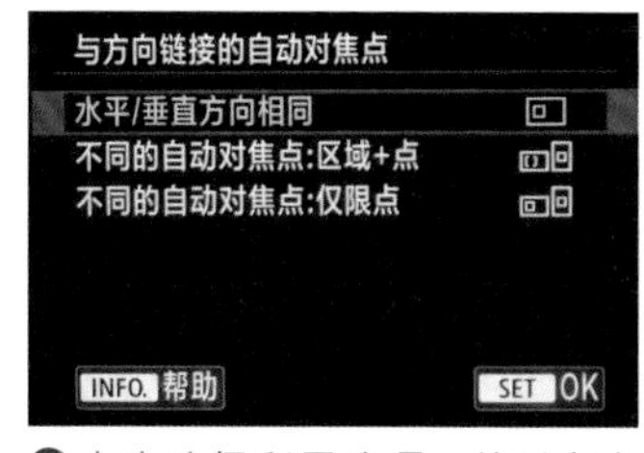

❷ 点击选择所需选项，然后点击SET OK图标确定

人工智能伺服第一张图像优先

在使用人工智能伺服对焦模式拍摄动态的对象时，为了保证成功率，往往与连拍驱动模式组合使用，此时可以根据个人的习惯来决定在拍摄第一张图像时，是优先进行对焦，还是优先保证快门释放。

■释放优先：滑块在“释放”一侧，在拍摄第一张照片时相机将优先释放快门，适用于无论如何都想要抓住瞬间拍摄机会的情况。但可能出现尚未精确对焦即释放快门，从而导致照片脱焦的问题。

■同等优先：即将滑块移至中间位置，此时相机将采用对焦与释放均衡的拍摄策略，以尽可能拍摄到既清晰又能及时记录精彩瞬间的影像。

■对焦优先：即将滑块移至“对焦”端，相机将优先进行对焦，直至对焦完成后，才会释放快门，因而可以清晰、准确地捕捉到精彩瞬间，适用于要么不拍，要拍就必须拍清晰的题材。

❶在**自动对焦菜单2**中选择**人工智能伺服第一张图像优先**选项

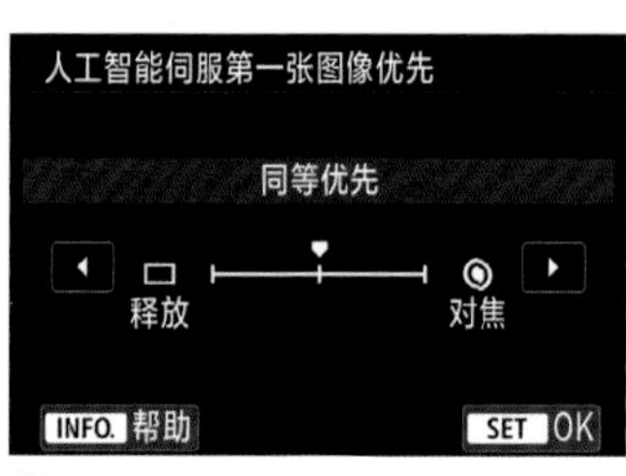

❷点击◀或▶图标选择不同的参数选项，然后点击SET OK图标确定

人工智能伺服第二张图像优先

此菜单用于设置使用人工智能伺服自动对焦模式连拍时，针对第二张照片，是以连拍速度优先还是对焦精度优先为原则进行拍摄。

■速度优先：即将滑块移至“速度”端，将在拍摄第二张照片时继续保持连拍速度，因此与在“人工智能伺服第一张图像优先”中选择“释放优先”相似。此时仍是牺牲部分对焦精度，而以释放快门为优先的原则来保持高速连拍状态，适用于想要以一定的时间间隔进行连拍的情况。

■同等优先：即将滑块移至中间位置，此时相机将采用对焦与连拍释放均衡的拍摄策略，以尽可能拍摄到既清晰又能及时捕捉精彩瞬间的影像。

■对焦优先：即将滑块移至“对焦”端，相机将优先进行对焦，直至对焦完成后才会释放快门，因而可以清晰、准确地捕捉到精彩瞬间。选择此选项的缺点是，可能由于对焦时间过长而错失精彩的瞬间。

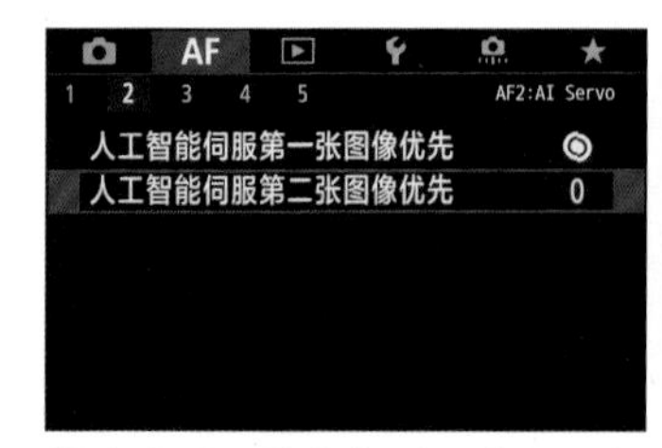

❶在**自动对焦菜单2**中选择**人工智能伺服第二张图像优先**选项

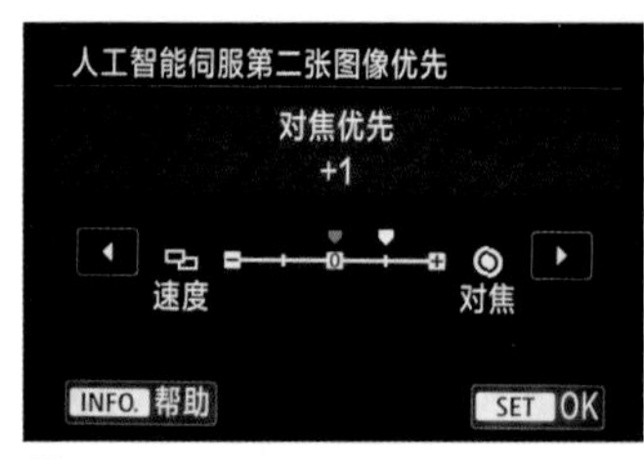

❷点击◀或▶图标选择不同的参数选项，然后点击SET OK图标确定

第 2 章

决定照片品质的曝光、对焦与景深

曝光三要素：控制曝光量的光圈

认识光圈及表现形式

光圈其实就是相机镜头内部的一个组件，它由许多片金属薄片组成，金属薄片是活动的，通过改变它的开启程度可以控制进入镜头光线的多少。光圈开启得越大，通光量就越多；光圈开启得越小，通光量就越少。

从镜头的底部可以看到镜头内部的金属薄片

为了便于理解，我们可以将光线类比为水流，将光圈类比为水龙头。在同一时间段内，如果希望水流更大，水龙头就要开得更大。换言之，如果希望更多的光线通过镜头，就需要使用较大的光圈；反之，如果不希望更多的光线通过镜头，就需要使用较小的光圈。

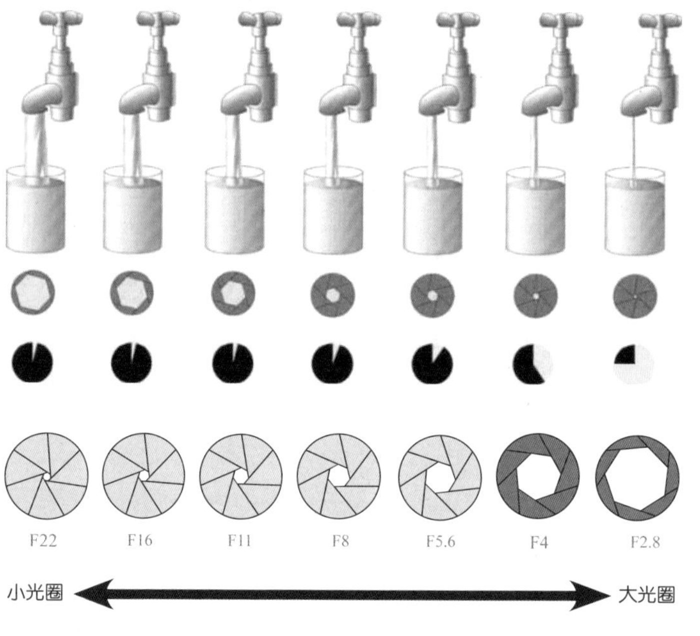

当用 Av 挡光圈优先曝光模式拍摄时，可通过转动主拨盘来调整光圈；当使用 M 挡全手动曝光模式拍摄时，则可通过转动速控转盘来调整光圈

光圈表示方法	用字母 F 或 f 表示，如 F8 或 f/8
常见的光圈值	F1.4、F2、F2.8、F4、F5.6、F8、F11、F16、F22、F32、F36
变化规律	光圈每递进一挡，光圈口径就不断缩小，通光量也逐挡减半。例如，F5.6 光圈的进光量是 F8 的两倍

光圈值与光圈大小的对应关系

光圈越大，光圈值就越小（如 F1.2、F1.4）；反之，光圈越小，光圈值就越大（如 F18、F32）。初学者往往记不住这个对应关系，其实只要记住，光圈值实际上是一个倒数即可。例如，F1.2 的光圈表示此时光圈的孔径是 1/1.2。同理，F18 的光圈表示此时光圈的孔径是 1/18。很明显，1/1.2>1/18，因此，F1.2 是大光圈，而 F18 是小光圈。

光圈对曝光的影响

在日常拍摄时，一般最先调整的曝光参数是光圈值。在其他参数不变的情况下，光圈增大一挡，则曝光量提高一倍。例如，光圈从 F4 增大至 F2.8，即可增加一倍的曝光量；反之，光圈减小一挡，则曝光量也随之降低一半。换句话说，光圈开启得越大，通光量就越多，拍摄出来的照片画面越明亮；光圈开启得越小，通光量就越少，拍摄出来的画面也越暗淡。

○ 光圈对曝光的影响示例图

从这组照片可以看出，当光圈从F3.2逐级缩小至F5.6时，由于通光量逐渐降低，拍摄出来的画面也逐渐变暗。

曝光三要素：控制相机感光时间的快门速度

快门与快门速度的含义

我们在欣赏摄影师的作品时，可以看到飞翔的鸟儿、跳跃在空中的人物、车流的轨迹、丝一般的流水这类画面，这些具有动感的场景都是优先控制快门速度的结果。

那么，什么是快门速度呢？简单地说，快门的作用就是控制曝光时间的长短。在按动快门按钮时，快门从前帘开始移动到后帘结束所用的时间就是快门速度，这段时间实际上也就是电子感光元件的曝光时间。所以，快门速度决定了曝光时间的长短，快门速度越快，则曝光时间就越短，曝光量也越少；快门速度越慢，则曝光时间就越长，曝光量也越多。

快门

用高速快门将出水起飞的鸟儿定格，拍摄出很有动感效果的画面

在使用 M 挡或 Tv 挡拍摄时，直接向左或向右转动主拨盘，即可调整快门速度

快门速度的表示方法

快门速度以秒为单位，低端入门级数码单反相机的快门速度范围通常为 1/4000s~30s，而中、高端单反相机，如 80D、5D 系列的相机，最高快门速度可达 1/8000s，已经可以满足几乎所有题材的拍摄要求。

分类	常见快门速度	适用范围
低速快门	30s、15s、8s、4s、2s、1s	在拍摄夕阳、日落后及天空仅有少量微光的日出前后时，都可以使用光圈优先曝光模式或手动曝光模式，很多优秀的夕阳作品都诞生于这个曝光区间。使用 1s~5s 的快门速度，也能够将瀑布或溪流拍摄出如同棉絮一般的梦幻效果，10s~30s 的快门速度可以用于拍摄光绘、车流、银河等题材
	1s、1/2s	适合在昏暗的光线下，使用较小的光圈获得足够的景深，通常用于拍摄稳定的对象，如建筑、城市夜景等
	1/4s、1/8s、1/15s	1/4s 的快门速度可以作为拍摄成人夜景人像的最低快门速度。该快门速度区间也适合拍摄一些光线较强的夜景，如明亮的步行街和光线较好的室内
中速快门	1/30s	在使用标准镜头或广角镜头拍摄时，该快门速度可以视为最慢的快门速度，但在使用标准镜头拍摄时，对手持相机的平稳性有较高的要求
	1/60s	对于标准镜头，该快门速度可以保证进行各种场合的拍摄
	1/125s	这一挡快门速度非常适合在户外阳光明媚时使用，同时也能够拍摄运动幅度较小的物体，如走动中的人
	1/250s	适合拍摄中等运动速度的拍摄对象，如游泳运动员、跑步中的人或棒球活动等
高速快门	1/500s	该快门速度已经可以抓拍一些运动速度较快的对象，如行驶的汽车、跑动中的运动员、奔跑中的马等
	1/1000s、1/2000s、1/4000s、1/8000s	该快门速度区间已经可以用于拍摄一些极速运动对象，如赛车、飞机、足球运动员、飞鸟及飞溅出的水花等

○ 像这种城市上空烟花绽放的场景，一般都是使用低速快门拍摄的

快门速度对曝光的影响

如前面所述，快门速度的快慢决定了曝光量的多少。具体而言，在其他条件不变的情况下，每一倍的快门速度变化，会导致一倍曝光量的变化。例如，当快门速度由 1/125s 变为 1/60s 时，由于快门速度慢了一半，曝光时间增加了一倍，因此，总的曝光量也随之增加了一倍。

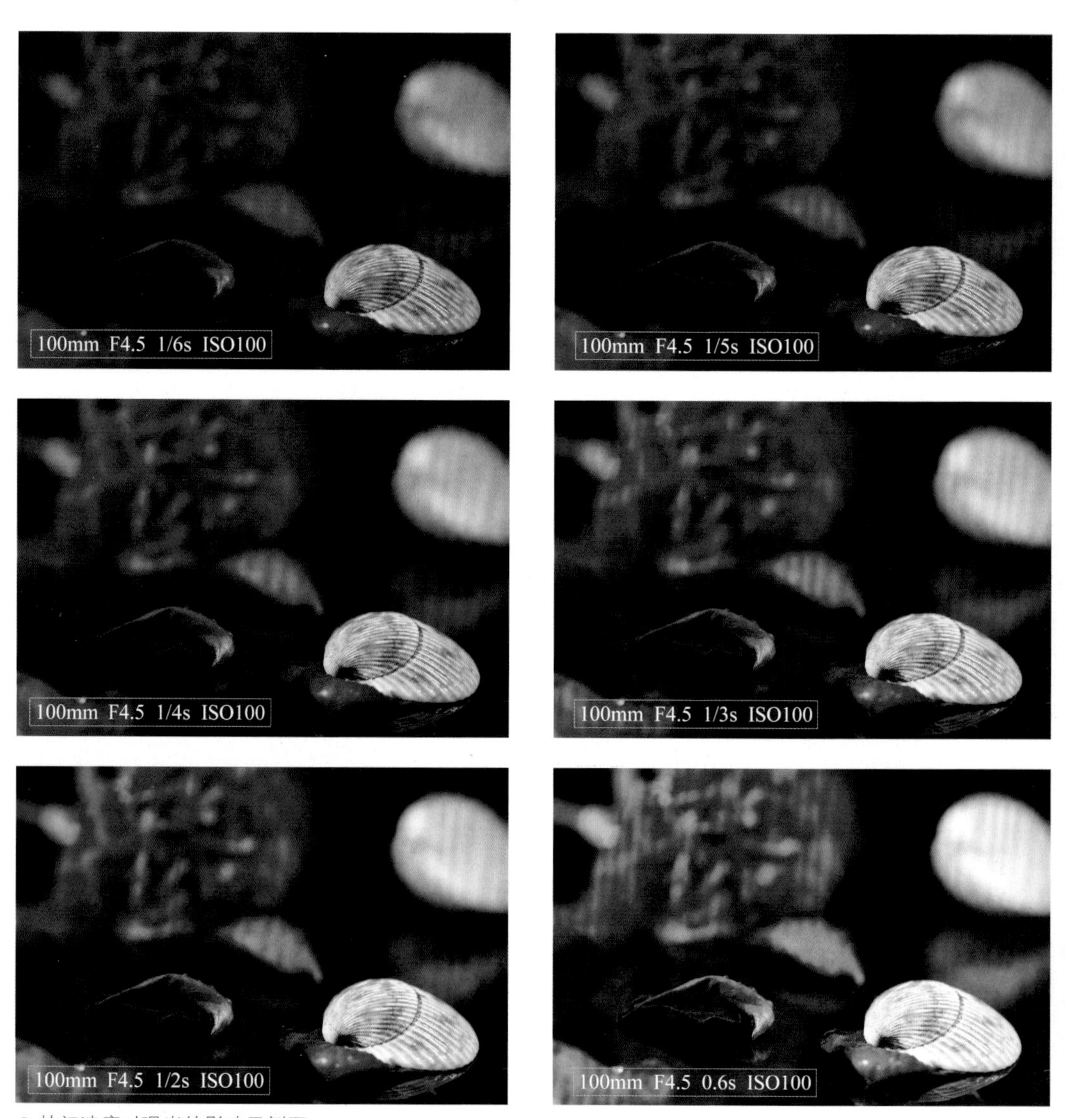

○ 快门速度对曝光的影响示例图

通过这组照片可以看出，在其他曝光参数不变的情况下，当快门速度逐渐变慢时，由于曝光时间变长，因此拍摄出来的画面也逐渐变亮。

快门速度对画面动感效果的影响

快门速度不仅影响进光量，还会影响画面的动感效果。当表现静止的景物时，快门速度的快慢对画面不会有什么影响，除非摄影师在拍摄时有意摆动镜头。但在表现动态的景物时，不同的快门速度能够营造出不一样的画面效果。

下面一组示例照片是在焦距、感光度都不变的情况下，分别将快门速度依次调慢所拍摄的。

对比下方这一组照片，可以看到当快门速度较快时，水流被定格成为清晰的水珠。但当快门速度逐渐降低时，水流在画面中渐渐变为拉长的运动线条。

○ 快门速度对画面动感效果的影响示例图

拍摄效果	快门速度设置	说明	适用拍摄场景
凝固运动对象的精彩瞬间	使用高速快门	拍摄对象的运动速度越高，采用的快门速度也要越快	运动中的人物、奔跑的动物、飞鸟、瀑布
运动对象的动态模糊效果	使用低速快门	使用的快门速度越低，所形成的动感线条越柔和	流水、夜间的车灯轨迹、风中摇摆的植物、流动的人群

曝光三要素：控制相机感光灵敏度的感光度

理解感光度

在调整曝光的操作中，作为曝光三要素之一的感光度通常是最后一项。感光度是指相机的感光元件（即图像传感器）对光线的感光敏锐程度。即在相同条件下，感光度越高，获得光线的数量也就越多。但要注意的是，感光度越高，产生的噪点就越多，而以低感光度拍摄的画面则清晰、细腻，对细节的表现较好。在光线充足的情况下，一般使用ISO100即可。

DX 画幅		
相机型号	800D	80D
ISO 感光度范围	ISO100~ISO25600 可以向上扩展至 ISO51200	ISO100~ISO16000 可以向上扩展至 ISO25600
全画幅		
相机型号	6D Mark Ⅱ	5D Mark Ⅳ
ISO 感光度范围	ISO100~ISO40000 可以向下扩展至 ISO50，向上扩展至 ISO102400	ISO100~ISO32000， 可以向下扩展至 ISO50，向上扩展至 ISO102400

按下 ISO 按钮，转动主拨盘 即可调整 ISO 感光度

当在光线充足的环境下拍摄人像时，使用 ISO100 的感光度可以保证画面的细腻

感光度对曝光结果的影响

在有些场合拍摄时，如森林中、光线较暗的博物馆内等，光圈与快门速度已经没有调整的空间了，并且无法开启闪光灯补光，便只剩下提高感光度一种选择。

在其他条件不变的情况下，感光度每增加一挡，感光元件对光线的敏锐度会随之增加一倍，即曝光量增加一倍；反之，感光度每减少一挡，曝光量则减少一半。

固定的曝光组合	想要进行的操作	方法	示例说明
F2.8、1/200s、ISO400	改变快门速度并使光圈值保持不变	提高或降低感光度	例如，快门速度提高一倍（变为 1/400s），则可以将感光度提高一倍（变为 ISO800）
F2.8、1/200s、ISO400	改变光圈值并保证快门速度不变	提高或降低感光度	例如，增加两挡光圈（变为 F1.4），则可以将 ISO 感光度降低两挡（变为 ISO100）

下面是一组焦距为 50mm、光圈为 F3.2、快门速度为 1/20s 的特定参数下，只改变感光度拍摄的照片。

○ 感光度对曝光结果的影响示例图

这组照片是在 M 挡手动曝光模式下拍摄的，在光圈、快门速度不变的情况下，随着 ISO 感光度的增大，由于感光元件的感光敏感度越来越高，画面变得越来越亮。

感光度与画质的关系

对大部分佳能相机而言，当使用 ISO400 以下的感光度拍摄时，均能获得优秀的画质；使用 ISO500~ISO1600 拍摄时，虽然画质要比使用低感光度时略有降低，但是依旧很优秀。

从实用角度来看，在光照较充分的情况下，使用 ISO1600 和 ISO3200 拍摄的照片细节较完整，色彩较生动，但如果以 100% 的比例进行查看，还是能够在照片中看到一些噪点的，而且光线越弱，噪点越明显。因此，如果不是对画质有特别要求，这个区间的感光度仍然属于能够使用的范围。但是，对一些对画质要求较为苛刻的用户来说，ISO1600 是佳能相机能保证较好画质的最高感光度。

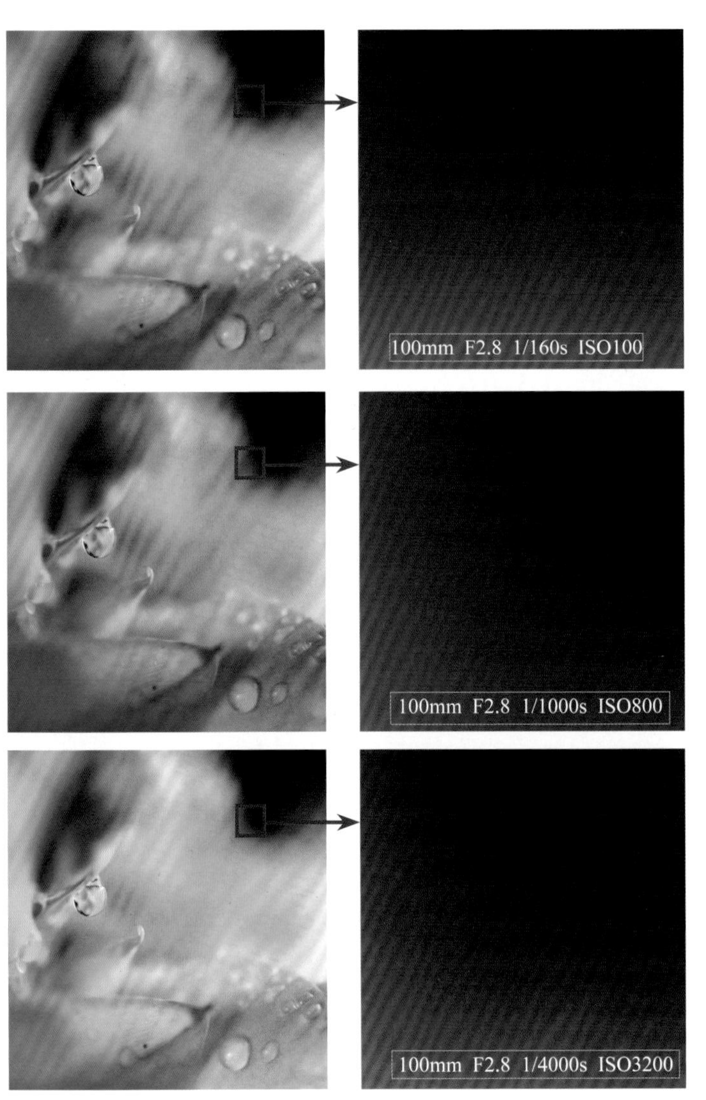

○ 感光度与画质的关系示例图

从这组照片可以看出，在光圈优先曝光模式下，当 ISO 感光度发生变化时，快门速度也发生了变化，因此，照片的整体曝光量并没有变化。但仔细观察细节可以看出，照片的画质随着 ISO 值的增大而逐渐变差。

感光度的设置原则

除了需要高速抓拍或不能给画面补光的特殊场合，并且只能通过提高感光度来拍摄的情况，不建议使用过高的感光度值。感光度除了会对曝光产生影响，对画质也有极大的影响，这一点即使是全画幅相机也不例外。感光度值越低，画质就越好；反之，感光度值越高，就越容易产生噪点、杂色，画质就越差。

在条件允许的情况下，建议采用相机基础感光度中的最低值，一般为 ISO100，这样可以最大限度地保证得到较高的画质。

需要特别指出的是，分别在光线充足与不足的情况下拍摄，即使设置相同的 ISO 感光度，在光线不足时拍出的照片也会产生更多的噪点。如果此时再使用较长的曝光时间，那么就更容易产生噪点。因此，在弱光环境中拍摄时，需要根据拍摄需求灵活设置感光度，并配合高感光度降噪和长时间曝光降噪功能来获得较高的画质。

感光度设置	对画面的影响	补救措施
光线不足时设置低感光度值	会导致快门速度过低，在手持拍摄时容易因为手的抖动而导致画面模糊	无法补救
光线不足时设置高感光度值	会获得较高的快门速度，不容易造成画面模糊，但是画面噪点增多	可以用后期软件降噪

在手持相机拍摄建筑的精美内饰时，由于光线较弱，因此需要提高感光度值

通过曝光补偿快速控制画面的明暗

曝光补偿的概念

相机的测光原理是基于18%中性灰建立的，数码单反相机的测光主要是由场景中物体的平均反光率决定的，除了反光率比较高的场景（如雪景、云景）及反光率比较低的场景（如煤矿、夜景），其他大部分场景的平均反光率都在18%左右，而这一数值正是灰度为18%物体的反光率。

因此，可以简单地将测光原理理解为：当拍摄场景中被摄物体的反光率接近18%时，相机就会做出正确的测光。所以，当在一些极端环境中拍摄时，如较亮的白雪场景或较暗的弱光环境中，相机的测光结果就是错误的，此时就需要摄影师通过调整曝光补偿来得到正确的曝光结果，如下图所示。

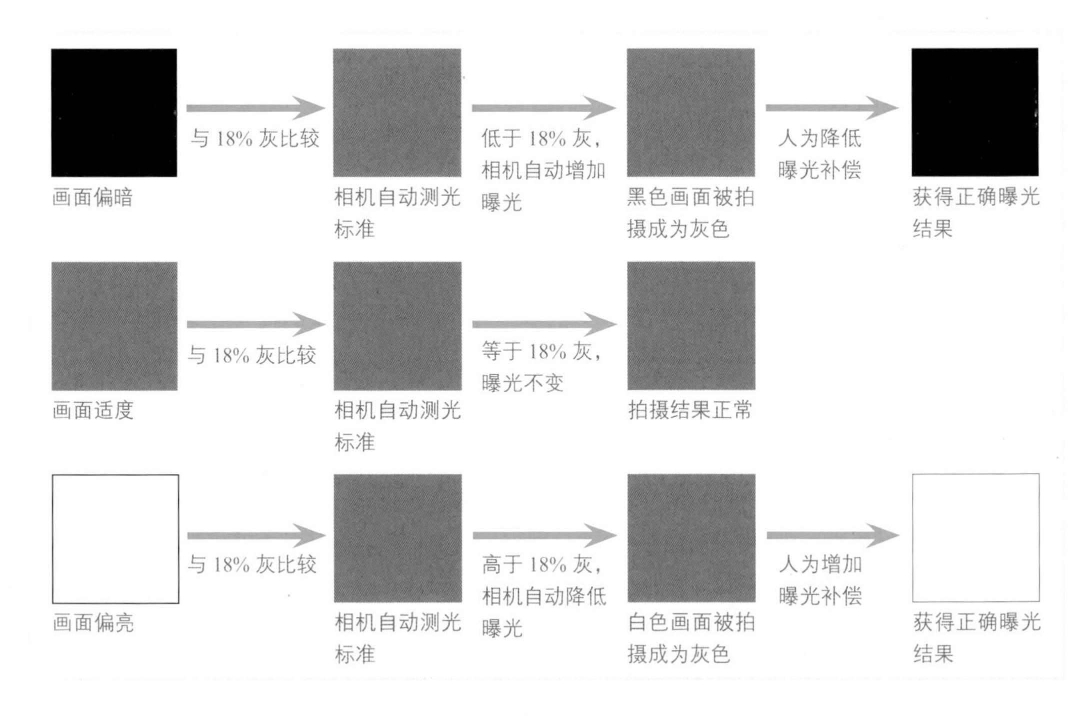

通过调整曝光补偿，可以改变照片的曝光效果，从而使拍摄出来的照片传达出摄影师的表现意图。例如，通过增加曝光补偿，照片轻微曝光过度以得到柔和的色彩与浅淡的阴影，使照片有轻快、明亮的效果；或者通过减少曝光补偿，使照片变得阴暗。

在拍摄时，是否能够主动运用曝光补偿技术，是判断一位摄影师是否真正理解摄影光影奥秘的标志之一。

佳能相机的曝光补偿范围 –5.0EV~+5.0EV，并以 1/3 级为单位进行调节。

○ 对于入门型相机，需要按下曝光补偿按钮并转动主拨盘来调整曝光补偿

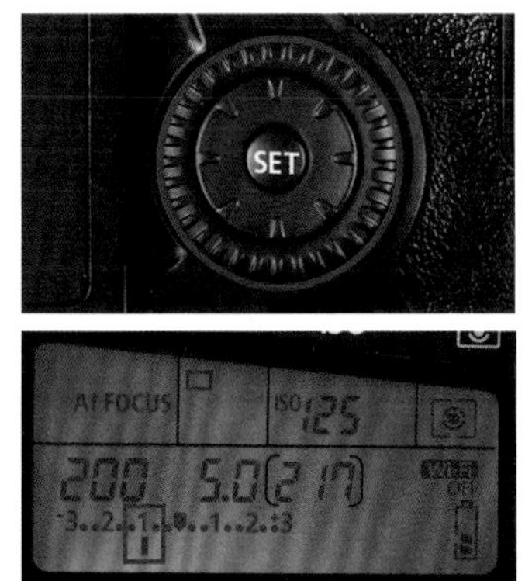

○ 对于中端和高端相机，直接转动速控转盘即可调整曝光补偿

判断曝光补偿的方向

了解了曝光补偿的概念，在拍摄时应该如何应用呢？曝光补偿分为正向与负向，即增加与减少曝光补偿，针对不同的拍摄题材，在拍摄时一般可使用“找准中间灰，白加黑就减”口诀来判断是增加还是减少曝光补偿。

需要注意的是，“白加”中提到的“白”并不是指单纯的白色，而是泛指一切看上去比较亮的、比较浅的景物，如雪、雾、白云、浅色的墙体、亮黄色的衣服等；同理，“黑减”中提到的“黑”，也并不是单指黑色，而是泛指一切看上去比较暗的、颜色比较深的景物，如夜景、深蓝色的衣服、阴暗的树林、黑胡桃色的木器等。

因此，在拍摄时，若遇到了“白色”的场景，就应该做正向曝光补偿；如果遇到的是“黑色”的场景，就应该做负向曝光补偿。

○ 应根据拍摄题材的特点进行曝光补偿，以得到合适的画面效果

正确理解曝光补偿

许多摄影初学者在刚接触曝光补偿时，以为使用曝光补偿可以在曝光参数不变的情况下，提亮或加暗画面，这种认识是错误的。

实际上，曝光补偿是通过改变光圈与快门速度来提亮或加暗画面的。即在光圈优先模式下，如果增加曝光补偿，相机实际上是通过降低快门速度来实现的；反之，如果减少曝光补偿，则通过提高快门速度来实现。在快门优先模式下，如果增加曝光补偿，相机实际上是通过增大光圈来实现的（直至达到镜头的最大光圈）。因此，当光圈值达到镜头的最大光圈时，曝光补偿就不再起作用；反之，如果减少曝光补偿，则通过缩小光圈来实现。

下面通过两组照片及相应的拍摄参数来佐证这一点。

50 mm F1.4 1/10s ISO100 +1.3EV

50 mm F1.4 1/25s ISO100 +0.7EV

50 mm F1.4 1/25s ISO100 0EV

50 mm F1.4 1/25s ISO100 －0.7EV

○ 光圈优先模式下改变曝光补偿示例图

从上面展示的4张照片可以看出，在光圈优先模式下，改变曝光补偿，实际上改变了快门速度。

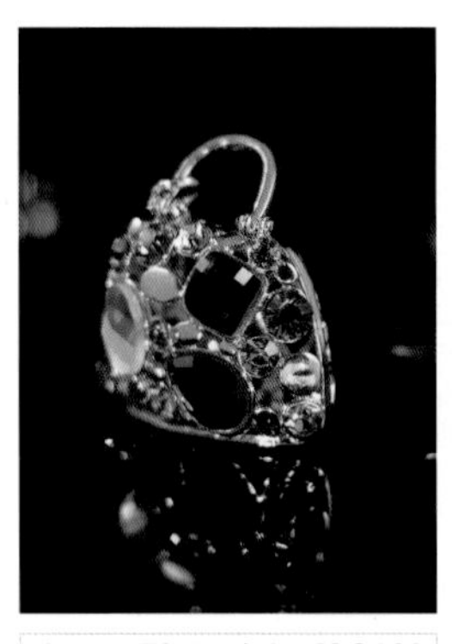

50 mm F2.5 1/50s ISO100 －1.3EV

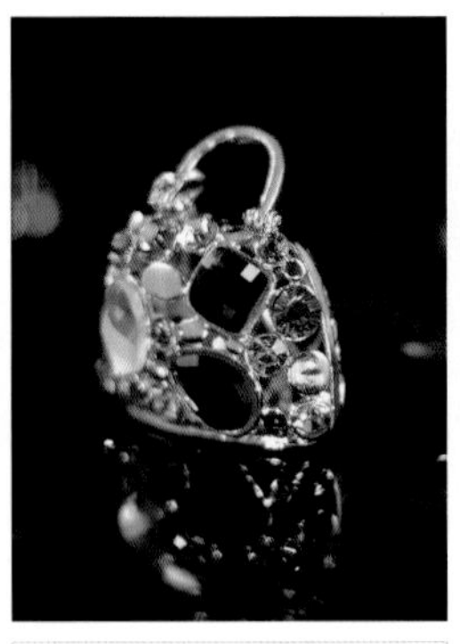

50 mm F2.2 1/50s ISO100 － 1EV

50 mm F1.4 1/50s ISO100 +1EV

50 mm F1.2 1/50s ISO100 +1.7EV

○ 快门优先模式下改变曝光补偿示例图

从上面展示的照片可看出，在快门优先模式下，改变曝光补偿，实际上改变了光圈大小。

针对不同场景选择不同的测光模式

当一批摄影爱好者结伴外拍时，发现在拍摄同一个场景时，有些人拍摄出来的画面曝光不一样，产生这种情况的原因就在于他可能使用了不同的测光模式。下面就来讲一讲为什么要测光，测光模式又可以分为哪几种。

佳能相机提供了4种测光模式，分别适用于不同的拍摄环境。

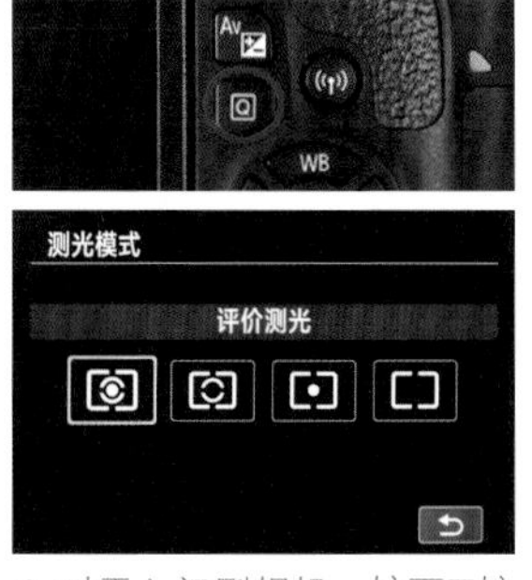

对于入门型相机，按下Q按钮显示速控屏幕，选择测光模式选项，然后在显示的选项中选择一种测光模式即可

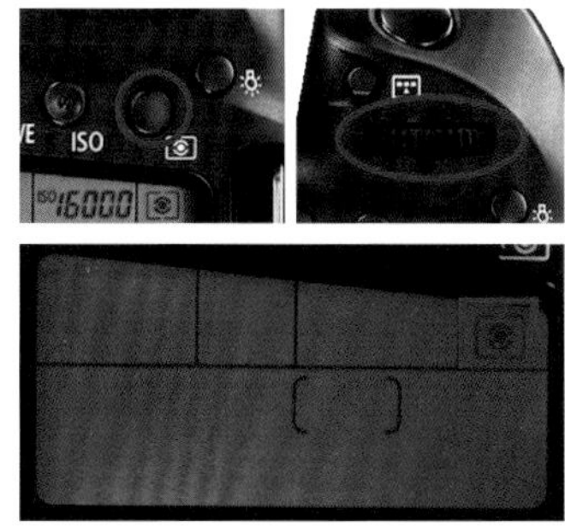

对于中、高端相机，按住测光模式按钮并同时转动主拨盘或速控转盘，选择一种测光模式即可

评价测光模式

如果摄影爱好者是在光线均匀的环境中拍摄大场景的风光照片，如草原、山景、水景、城市建筑等题材，都应该首选评价测光模式。因为大场景风光照片通常需要考虑整体的光照，这恰好是评价测光的特色。

在该模式下，相机会将画面分为多个区域进行平均测光，此模式最适合拍摄日常及风光题材的照片。

当然，如果拍摄雪、雾、云、夜景等这类反光率较高的场景，还需要配合使用曝光补偿技巧。

色彩柔和、反差较小的风光照片，常用评价测光模式

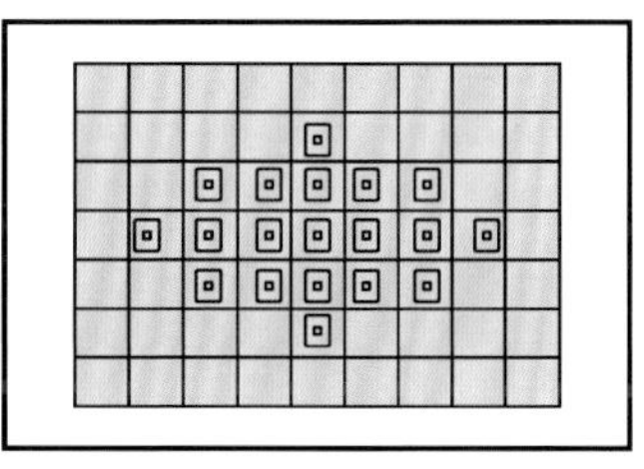

评价测光模式示意图

中央重点平均测光模式 [ ]

在拍摄环境人像时，如果还是使用评价测光模式，会发现虽然环境曝光合适，但人物的肤色有时候却存在偏亮或偏暗的情况。这种情况，其实最适合使用中央重点平均测光模式。

中央重点平均测光模式适合拍摄主体位于画面中央主要位置的场景，如人像、建筑物、背景较亮的逆光对象，以及其他位于画面中央的对象。这是因为该模式既能实现画面中央区域的精准曝光，又能保留部分背景的细节。

在中央重点平均测光模式下，测光会偏向取景器的中央部位，但也会同时兼顾其他部位的亮度。根据佳能公司提供的测光模式示意图，越靠近取景器的中心位置灰色越深，表示这样的区域在测光时所占的权重越大；而越靠边缘的图像，在测光时所占的权重越小。

例如，佳能相机在测光后认为，画面中央位置对象的正确曝光组合是F8、1/320s，而其他区域的正确曝光组合是F4、1/200s，但由于中央位置对象的测光权重较大，最终相机确定的曝光组合可能是F5.6、1/320s，以优先照顾中央位置对象的曝光。

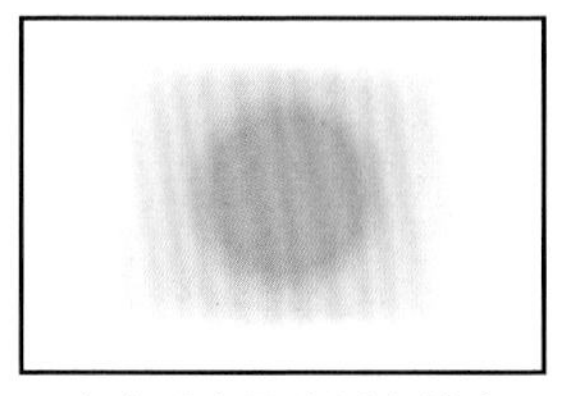

中央重点平均测光模式示意图

拍摄人物在画面中间位置的照片，最适合使用中央重点测光模式

局部测光模式

相信摄影爱好者都见到过暗背景、明亮主体的画面，要想获得此类效果，一般可以使用局部测光模式。局部测光模式是佳能相机独有的测光模式，在该测光模式下，相机将只测量取景器中央 6.2%~10% 的范围。在逆光或局部光照下，如果画面背景与主体明暗反差较大（光比较大），使用这一测光模式拍摄能够获得准确的曝光。

从测光数据来看，局部测光可以认为是中央重点平均测光与点测光之间的一种测光形式，测光面积也在两者之间。

以逆光拍摄人像为例，如果使用点测光对准人物面部的明亮处测光，则拍出的照片中人物面部的较暗处就会明显欠曝；反之，使用点测光对准人物面部的暗处测光，则拍出的照片中人物面部的较亮处就会明显过曝。

如果使用中央重点平均测光模式进行测光，由于测光的面积较大，而背景又比较亮，因此拍出的照片中人物的面部就会欠曝。而使用局部测光模式对准人像面部任意一处测光，就能够得到很好的曝光效果。

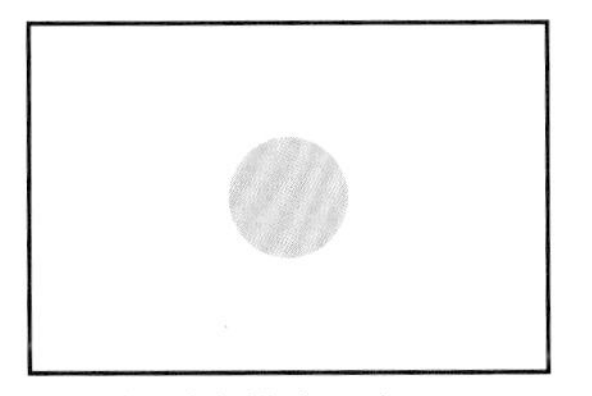

局部测光模式示意图

因画面中光线反差较大，因而使用了局部测光模式对荷花进行测光，得到了荷花曝光正常的画面

点测光模式 [•]

不管是夕阳下的景物呈现为剪影的画面效果，还是皮肤白皙背景曝光过度的高调人像，都可以利用点测光模式来实现。

点测光是一种高级测光模式，由于相机只对画面中央区域的很小部分（也就是光学取景器中央对焦点周围 1.5%~4.0% 的小区域）进行测光，因此具有相当高的准确性。

由于点测光是依据很小的测光点来计算曝光量的，因此测光点位置的选择将会在很大程度上影响画面的曝光效果，尤其是逆光拍摄或画面明暗反差较大时。

如果对准亮部测光，则可得到亮部曝光合适、暗部细节有所损失的画面；如果对准暗部测光，则可得到暗部曝光合适、亮部细节有所损失的画面。所以，拍摄时可根据自己的拍摄意图来选择不同的测光点，以得到曝光合适的画面。

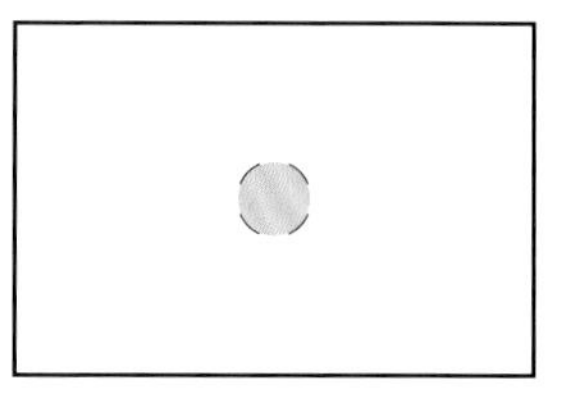

○ 点测光模式示意图

○ 用点测光模式针对天空进行测光，得到夕阳氛围强烈的照片

利用曝光锁定功能锁定曝光值

利用曝光锁定功能可以在测光期间锁定曝光值。此功能的作用是允许摄影师针对某一个特定区域进行对焦，而对另一个区域进行测光，从而拍摄出曝光正常的照片。

佳能单反相机的曝光锁定按钮在机身上显示为“✱”。使用曝光锁定功能的方便之处在于，即使我们松开半按快门的手，重新进行对焦、构图，只要按住曝光锁定按钮，那么相机还是会以刚才锁定的曝光参数进行曝光。

进行曝光锁定的操作方法如下：

1. 对选定区域进行测光，如果该区域在画面中所占的比例很小，则应靠近被摄物体，使其充满取景器的中央区域。

2. 半按快门，此时在取景器中会显示一组光圈和快门速度组合数据。

3. 释放快门，按下曝光锁定按钮✱，相机会记住刚刚得到的曝光值。

4. 重新取景构图、对焦，完全按下快门即可完成拍摄。

佳能相机的曝光锁定按钮

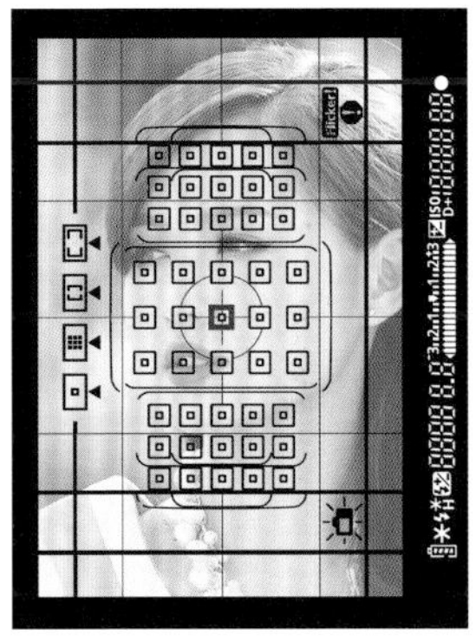

用长焦镜头对人物面部测光示意图

先对人物的面部进行测光，锁定曝光并重新构图后再进行拍摄，从而保证面部获得正确的曝光

使用包围曝光拍摄光线复杂的场景

包围曝光是指通过设置一定的曝光变化范围，分别拍摄曝光不足、曝光正常与曝光过度3张照片的拍摄技法。例如，将曝光补偿设置为±1EV，即代表分别拍摄减少1挡曝光、正常曝光和增加1挡曝光的照片，从而兼顾画面的高光、中间调及暗调区域的细节。Canon EOS 5D Mark Ⅳ 相机支持在±2EV之间以1/3级为单位调整包围曝光。

什么情况下应该使用包围曝光

如果拍摄现场的光线很难把握，或者拍摄的时间很短暂，为了避免曝光不准确而失去这次难得的拍摄机会，可以使用包围曝光功能来确保万无一失。此时可以通过设置包围曝光，使相机针对同一场景连续拍摄出3 张曝光量略有差异的照片。每一张照片曝光量具体相差多少，可由摄影师自己决定。在具体拍摄过程中，摄影师无须调整曝光量，相机将根据设置自动在第一张照片的基础上增加、减少一定的曝光量拍摄另外两张照片。

按此方法拍摄出来的3张照片中，总会有一张是曝光相对准确的照片，因此使用包围曝光功能能够提高拍摄的成功率。

○ 遇到这种光线不错的雪景，为了避免因烦琐地设置曝光参数而错失拍摄良机，可以使用包围曝光功能

自动包围曝光设置

默认情况下，使用包围曝光功能可以（按3次快门或使用连拍功能）拍摄3张照片，得到增加曝光量、正常曝光量和减少曝光量3种不同曝光结果的照片。

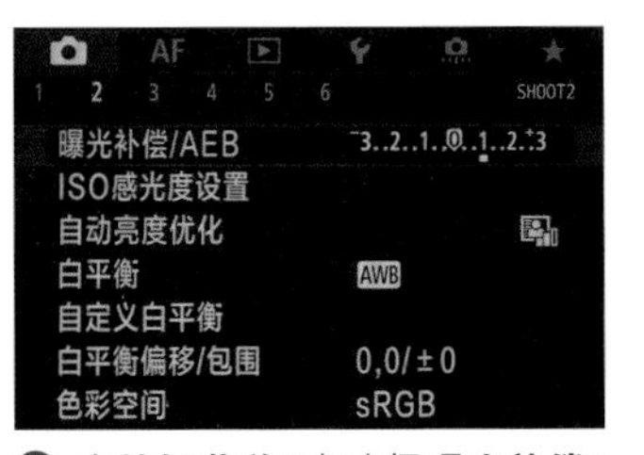

❶ 在**拍摄菜单2**中选择**曝光补偿/AEB**选项

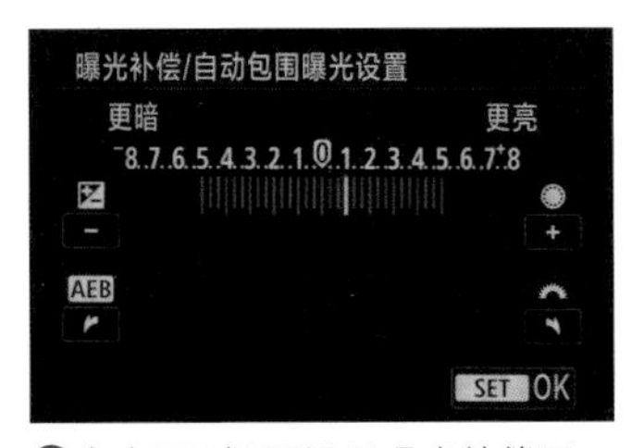

❷点击 - 或 + 设置曝光补偿量，并以当前设定的曝光补偿为基础设置包围曝光的曝光量

❸ 点击◤或◥设置自动包围曝光值，设置完成后点击SET OK图标确定

设置包围曝光拍摄数量

在使用Canon EOS 5D Mark Ⅳ相机进行自动包围曝光及白平衡包围曝光拍摄时，可以在“包围曝光拍摄数量”菜单中指定要拍摄的数量。

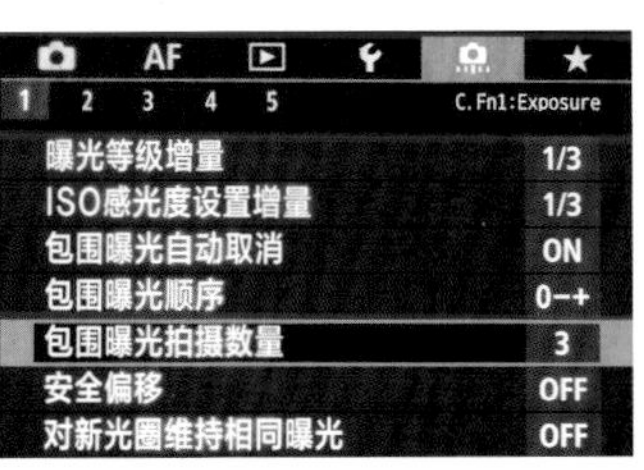

❶ 在**自定义功能菜单1**中选择**包围曝光拍摄数量**选项

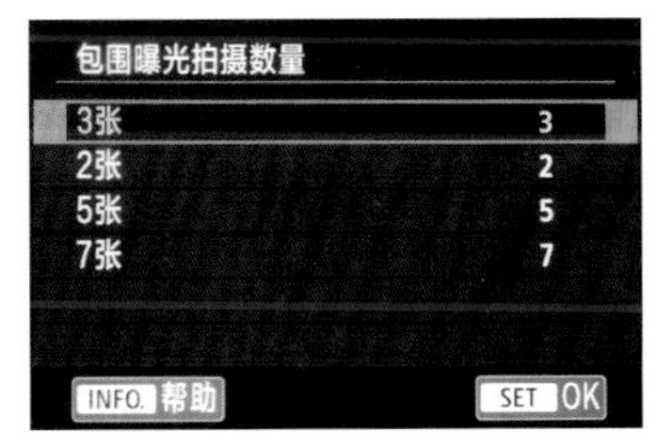

❷ 选择拍摄数量，然后点击SET OK图标确定

为合成HDR照片拍摄素材

对于风光、建筑等题材，可以使用包围曝光功能拍摄出不同曝光结果的照片，并进行HDR合成，从而得到高光、中间调及暗调都具有丰富细节的照片。

○ 在拍摄 3 张照片时都增加了 0.3 挡的曝光补偿，并在此基础上设置了±0.7EV 的包围曝光，因此拍摄得到的 3 张照片分别为 -0.4EV、+0.3EV、+1.0EV 的效果

白平衡与色温的概念

摄影爱好者将自己拍摄的照片与专业摄影师的照片做对比后，往往会发现除了构图、用光有差距，色彩通常也没有专业摄影师还原得精准。原因很简单，因为专业摄影师在拍摄时，对白平衡进行了精确设置。

什么是白平衡

简单地说，白平衡就是由相机提供的，确保摄影师在不同的光照环境下拍摄时，均能真实地还原景物颜色的设置。

无论是在室外的阳光下，还是在室内的白炽灯下，人的固有观念仍会将白色的物体视为白色，将红色的物体视为红色。有这种感觉是因为人的眼睛能够修正光源变化造成的色偏。

实际上，当光源改变时，这些光的颜色也会发生变化，相机会精确地将这些变化记录在照片中，这样的照片在校正之前看上去是偏色的，但其实这才是物体在当前环境下的真实色彩。相机配备的白平衡功能，可以校正不同光源下的色偏，就像人眼的功能一样，使偏色的照片得以纠正。例如，在晴天拍摄时，拍摄出来的画面整体会偏向蓝色调，而眼睛所看到的画面并不偏蓝。此时，就可以将白平衡模式设置为“日光”模式，使画面中的蓝色减少，还原出景物本来的色彩。

什么是色温

在摄影领域，色温用于说明光源的成分，单位用“K”表示。例如，日出日落时，光的颜色为橙红色，这时色温较低，大约为3200K；太阳升高后，光的颜色为白色，这时色温高，大约为5400K；阴天的色温还要高一些，大约为6000K。色温值越大，则光源中所含的蓝色光越多；反之，当色温值越小，光源中所含的红色光越多。

低色温的光趋于红、黄色调，其能量分布中红色调较多，因此，通常又被称为“暖光”；高色温的光趋于蓝色调，其能量分布较集中，也被称为“冷光”。通常在日落之时，光线的色温较低，因此，拍摄出来的画面偏暖，适合表现夕阳时刻静谧、温馨的感觉。为了加强这样的画面效果，可以使用暖色滤镜，或者将白平衡设置成“阴天”模式。晴天中午时分的光线色温较高，拍摄出来的画面偏冷，通常这时空气的能见度也较高，可以很好地表现大景深的场景。另外，冷色调的画面可以很好地表现出清冷的感觉，以开阔视野。

后面的图例展示了不同光源对应的色温范围，即当处于不同的色温范围时，所拍摄出来的照片的色彩倾向。

通过示例图可以看出，相机中的色温与实际光源的色温是相反的，这便是白平衡的工作原理，通过对应的补色来进行补偿。

暖 / 红 ←→ 冷 / 蓝

光源色调

低色温 ←→ 高色温

色温值 2 000K 3 000K 4 000K 5 000K 6 000K 7 000K 8 000K

光源 烛光 钨丝灯 荧光灯 晴天 阴天 晴天下的阴影

相机中对应色温所显示的照片色调

冷 / 蓝 ←→ 暖 / 红

了解色温并理解色温与光源之间的联系，使摄影爱好者可以通过在相机中改变预设白平衡模式、自定义设置色温(K)值，来获得色调不同的照片。

通常情况下，当自定义设置的色温和光源色温一致时，能获得准确的色彩还原效果；如果设置的色温高于拍摄时现场光源的色温，则照片的颜色会向暖色偏移；如果设置的色温低于拍摄时现场光源的色温，则照片的颜色会向冷色偏移。

这种通过手动调节色温获得不同色彩倾向或使画面向某一种颜色偏移的手法，在摄影中经常使用。

拍摄时自定义设置 3500K 的色温值，可以凸显夜晚雪地的寒冷感

佳能白平衡的含义与典型应用

佳能预设有自动、日光、阴影、阴天、钨丝灯、白色荧光灯及闪光灯 7 种白平衡模式。

通常情况下，使用自动白平衡就可以得到较好的色彩还原，但这不是万能的。例如，在室内灯光下或多云的天气下，拍摄的画面会出现还原不正常的情况。此时就要针对不同的光线环境还原色彩，如钨丝灯、白色荧光灯、阴天等。但如果不确定应该使用哪一种白平衡，最好选择自动白平衡模式。

	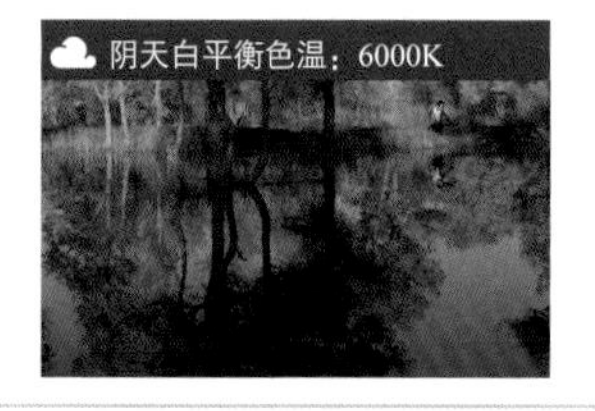	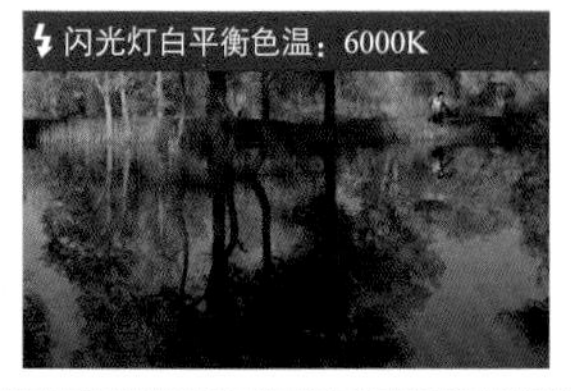
在晴天的阴影中拍摄时，由于色温较高，使用阴影白平衡模式可以获得较好的色彩还原。阴影白平衡可以营造出比阴天白平衡更浓郁的暖色调，常应用于日落题材	在相同的现有光源下，阴天白平衡可以营造出一种较浓郁的红色的暖色调，给人温暖的感觉，适用于云层较厚的天气，或者在阴天、黎明、黄昏等环境中拍摄时使用	闪光灯白平衡主要用于平衡使用闪光灯时的色温，较为接近阴天时的色温。但要注意的是，不同的闪光灯，其色温值也不尽相同，因此，需要通过实拍测试才能确定色彩还原是否准确

在空气较为通透或天空有少量薄云的晴天拍摄时，一般只要将白平衡设置为日光白平衡，就能获得较好的色彩还原。但如果在正午时分，又或者在日出前、日落后拍摄，则不适用此白平衡	白色荧光灯白平衡模式，会营造出偏蓝的冷色调，不同的是，白色荧光灯白平衡的色温比钨丝灯白平衡的色温更接近现有光源色温，所以显示出的色彩相对接近原色彩	钨丝灯白平衡模式适用于拍摄宴会、婚礼、舞台表演等，由于色温较低，因此可以得到较好的色彩还原。而拍摄其他场景会使画面色调偏蓝，严重影响色彩还原

黄昏时设置阴影模式拍摄，以增强画面的暖色调

手调色温：自定义画面色调

使用预设白平衡模式虽然可以直接设置某个色温值，但毕竟只有几个固定的值，而自动白平衡模式在光线复杂的情况下，还原色彩准确度又不高，为了使画面的色彩能够得到更为准确的还原，此时便需要手动选择色温值。

佳能相机支持的色温范围为 2500~10000K，并可以以 100K 为单位进行调整，与预设白平衡的 3000~7000K 色温范围相比，更加灵活、方便。

因此，在对色温有更高、更细致要求的情况下，拍摄时可以直接通过手调色温的方式设置一个特定的色温值。比如使用室内灯光拍摄时，很多光源（影室灯、闪光灯等）都是有固定色温的，将白平衡设置为此色温值即可。

如果在无法确定色温的环境中拍摄，可以先拍摄几张样片进行测试和校正，以便找到此环境准确的色温值。

下面是不同光线条件下，建议设置的色温值列表。

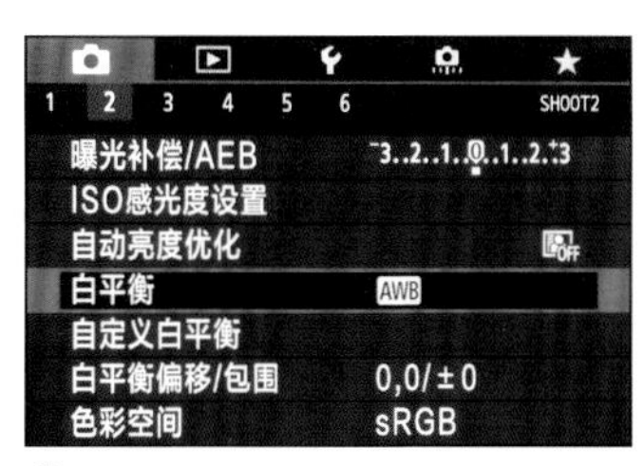

❶ 在**拍摄菜单 2** 中选择**白平衡**选项

❷ 选择**色温**选项时，按◀或▶方向键或转动主拨盘可以选择不同的色温值

常见光源或环境色温一览表			
蜡烛及火光	1900K 以下	晴天中午的太阳	5400K
朝阳及夕阳	2000K	普通日光灯	4500~6000K
家用钨丝灯	2900K	阴天	6000K 以上
日出后一小时阳光	3500K	金卤灯	5600K
摄影用钨丝灯	3200K	晴天时的阴影下	6000~7000K
早晨及午后阳光	4300K	水银灯	5800K
摄影用石英灯	3200K	雪地	7000~8500K
平常白昼	5000~6000K	电视屏幕	5500~8000K
220 V 日光灯	3500~4000K	无云的蓝天	10000K 以上

手动选择较高的色温值，得到了色调浓郁的画面

对焦及对焦点的概念

什么是对焦

对焦是成功拍摄的重要前提之一，准确对焦可以将主体在画面中清晰地呈现出来；反之，则容易出现画面模糊的问题，也就是所谓的“失焦”。

一个完整的拍摄过程如下所述。

首先，选定光线与被拍摄主体。

其次，通过操作将对焦点移至被拍摄主体上需要合焦的位置，例如，在拍摄人像时通常以眼睛作为合焦位置。

再次，对被摄主体进行构图操作。

最后，半按快门启动相机的对焦、测光系统，再完全按下快门结束拍摄操作。

在这个过程中，对焦操作起到确保照片清晰度的作用。

什么是对焦点

相信摄影爱好者在购买相机时，都会详细查看所选相机的性能参数，其中包括该相机的自动对焦点数量。

例如，入门型单反相机 650D 有 9 个对焦点，中端单反相机 70D 有 19 个对焦点，准专业级全画幅相机 5D Mark Ⅲ则有多达 61 个对焦点。

那么，自动对焦点的概念是什么呢? 从被摄对象的角度来看，对焦点就是相机在拍摄时合焦的位置。例如，在拍摄花卉时，如果将对焦点放在花蕊上，则最终拍摄出来的花蕊部分就是最清晰的。从相机的角度来看，对焦点是在液晶监视器及取景器上显示的数个方框，在拍摄时摄影师需要使相机的对焦框与被摄对象的对焦点准确合一，以指导相机应该对哪一部分进行合焦。

○ 将对焦点放置在蝴蝶的头部，并使用大光圈拍摄，得到了背景虚化而蝴蝶清晰的照片

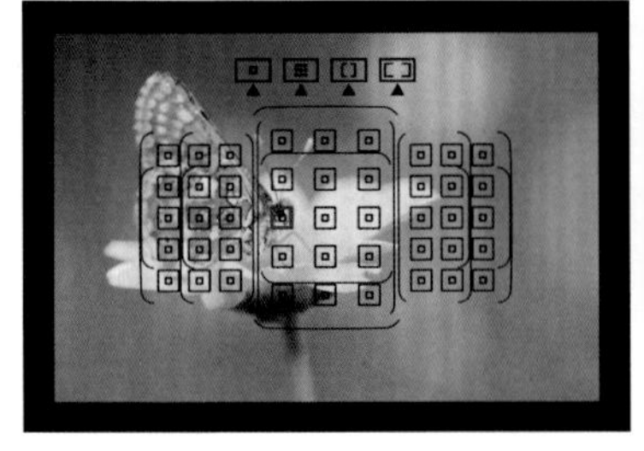

○ 对焦示意图

根据拍摄题材选用自动对焦模式

如果说了解测光可以帮助我们正确地还原影调，那么选择正确的自动对焦模式，则可以帮助我们获得清晰的影像，而这恰恰是拍出好照片的关键环节之一。佳能相机提供了单次、人工智能伺服、人工智能3种自动对焦模式，下面介绍各种自动对焦模式的特点及适用场合。

○ 按下 AF 按钮，转动主拨盘选择一种自动对焦模式即可

拍摄静止的对象选择单次自动对焦（ONE SHOT）

在单次自动对焦模式下，相机在合焦（半按快门时对焦成功）之后即停止自动对焦，此时可以保持快门的半按状态重新调整构图。

单次自动对焦模式是风光摄影最常用的对焦模式之一，特别适合拍摄静止的对象，如山峦、树木、湖泊、建筑等。当然，在拍摄人像、动物时，如果被摄对象处于静止状态，也可以使用这种对焦模式。

提示：在使用3种自动对焦模式拍摄时，如果合焦，则自动对焦点将以红色闪动，取景器中的合焦确认指示灯也会被点亮。

○ 用单次自动对焦模式拍摄静止的对象，画面焦点清晰，构图也更加灵活，不用拘泥于仅有的对焦点

拍摄运动的对象选择人工智能伺服自动对焦（AI SERVO）

在拍摄运动中的鸟、昆虫、人等对象时，如果摄影爱好者还使用单次自动对焦模式，便会发现拍摄的大部分画面都不清晰。对于运动的主体，在拍摄时，最适合选择人工智能伺服自动对焦模式。

在人工智能伺服自动对焦模式下，当摄影师半按快门合焦后，保持快门的半按状态，相机会在对焦点中自动切换以保持对运动对象的准确合焦状态。如果在这个过程中被摄对象的位置发生了较大的变化，只需移动相机使自动对焦点保持覆盖主体，就可以持续进行对焦。

○ 当拍摄从水面起飞的鸟儿时，适合使用人工智能伺服自动对焦模式

拍摄动静不定的对象选择人工智能自动对焦（AI FOCUS）

越来越多的人因为家里有小孩子而购买单反相机，以记录小孩子的日常，但当真正拿起相机拍他们时，发现小孩子的动和静毫无规律可言，想要拍出好照片太难了。

佳能单反相机针对这种无法确定被拍摄对象是静止还是运动状态的拍摄情况，提供了人工智能自动对焦模式。在此模式下，相机会自动根据被拍摄对象是否运动来选择单次自动对焦还是人工智能伺服自动对焦。

例如，在动物摄影中，如果所拍摄的动物暂时处于静止状态，但有突然运动的可能，应该使用该自动对焦模式，以保证能够将被拍摄对象清晰地捕捉下来。在人像摄影中，如果模特不是摆拍，随时有可能从静止状态变为运动状态，也可以使用这种自动对焦模式。

○ 儿童玩耍时无法确定动静，因此，可以使用人工智能自动对焦模式

手选对焦点的必要性

不管是拍摄静止的对象还是拍摄运动的对象，并不是说只要选择了相对应的自动对焦模式，便能成功拍摄了，在进行了这些操作之后，还要手动选择对焦点或对焦区域的位置。

例如，在拍摄摆姿人像时，需要将对焦点位置选择在人物眼睛处，使人物眼睛炯炯有神。如果要拍摄的人物处于树叶或花丛的后面，对焦点的位置很重要。如果对焦点的位置在树叶或花丛中，那么拍摄出来的人物会是模糊的；而如果将对焦点的位置选择在人物上，那么拍摄出来的照片会是前景虚化的唯美效果。

同样的，在拍摄运动的对象时，也需要选择对焦区域的位置，因为不管是人工智能还是人工智能伺服自动对焦模式，都是从选择的对焦区域开始追踪对焦被拍摄对象的。

○ 对于 80D 相机，按下或按钮后，通过多功能控制钮选择对焦点的位置，如果按下 SET 按钮，则选择中央对焦点（或中央对焦区域）

○ 采用单点自动对焦区域模式手动选择对焦点拍摄，保证了对人物的灵魂——眼睛进行准确的对焦

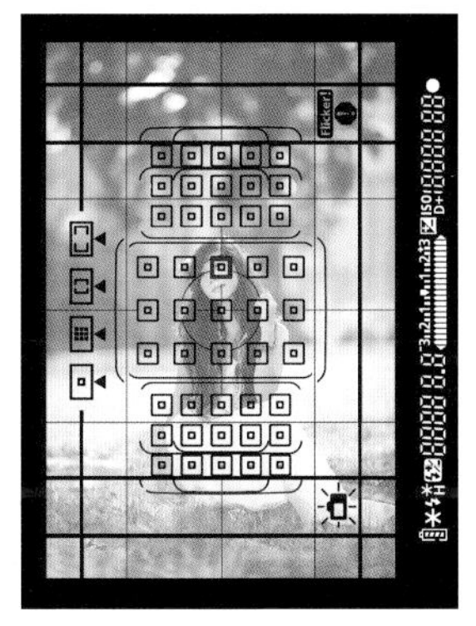

○ 手选对焦点示意图

8 种情况下手动对焦比自动对焦更好

虽然大多数情况下，使用自动对焦模式便能成功对焦，但在某些场景，需要手动对焦才能更好地完成拍摄。在下面列举的一些情况下，相机的自动对焦系统往往无法准确对焦，此时就应该切换至手动对焦模式，然后手动调节对焦环完成对焦。

手动对焦拍摄还有一个好处，就是在对某一物体进行对焦后，只要在不改变焦平面的情况下再次构图，则不需要再进行对焦，这样就节约了拍摄时间。

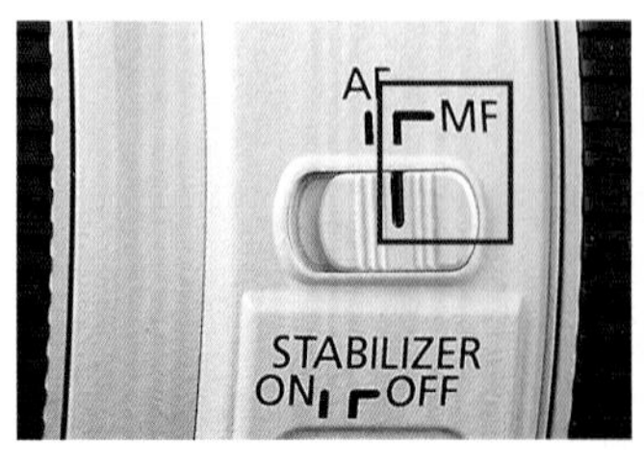

○ 将镜头上的对焦模式切换器设为MF，即可切换至手动对焦模式

■ 杂乱的场景：当拍摄场景中充满杂乱无章的物体，特别是当被摄主体较小，或者没有特定形状、大小、色彩、明暗时，例如，树林、挤满行人的街道等，在这样的场景中，想要精准地对主体对焦，手动对焦就变得必不可少。

■ 弱光环境：当在漆黑的环境中拍摄时，例如，拍摄星轨、闪电或光绘时，物体的反差很小。除非用对焦辅助灯或其他灯光照亮被拍摄对象，否则应该使用手动对焦模式来完成对焦操作。

■ 微距题材：当使用微距镜头拍摄微距题材时，由于画面的景深极浅，使用自动对焦模式往往会跑焦，所以使用手动对焦模式将焦点对准主体进行对焦，更能提高拍摄成功率。

■ 被摄对象前方有障碍物：如果被摄对象前方有障碍物，例如，拍摄笼子中的动物、花朵后面的人等，使用自动对焦模式就会对焦在障碍物上而不是被摄对象上，此时使用手动对焦模式可以精确地对焦至主体。

■ 建筑物：现代建筑物的几何形状和线条经常会迷惑相机的自动对焦系统，造成对焦困难。有经验的摄影师一般都采用手动对焦模式来拍摄。

■ 低反差：低反差是指被摄对象和背景的颜色或色调比较接近，例如，拍摄一片雪地中的白色雪人，使用自动对焦模式是很难对焦成功的。

■ 高对比：当拍摄对比强烈的明亮区域时，例如，在日落时，拍摄以纯净天空为背景、人物为剪影效果的画面，手动对焦模式比自动对焦模式好用。

■ 背景占大部分画面：被摄主体在画面中占比较小，背景在画面中占比较大，例如，一个小小的人站在纯净的红墙前，自动对焦系统往往不能准确、快速地对人物对焦，而切换到手动对焦模式，则可以做得又快又好。

○ 在拍摄微距题材时，通常使用手动对焦模式，以保证画面中的主体能够清晰『焦距：100mm ┆ 光圈：F8 ┆ 快门速度：1/320s ┆ 感光度：ISO400』

驱动模式与对焦功能的搭配使用

针对不同的拍摄任务，需要将快门设置为不同的驱动模式。例如，抓拍高速移动的物体，为了保证成功率，可以通过相应设置使摄影师按下一次快门能够连续拍摄多张照片。

佳能中、高端相机提供了单拍□、高速连拍□H、低速连拍□、静音单拍□S、静音连拍□S、10 秒自拍 / 遥控、2 秒自拍 / 遥控 7 种驱动模式。入门级相机只有一种连拍模式，其他驱动模式相同。

○ 按下驱动模式选择按钮DRIVE，转动主拨盘，即可在液晶显示屏中选择相应的快门驱动模式

单拍模式

在此模式下，每次按下快门都只能拍摄一张照片。单张拍摄模式适合拍摄静态的对象，如风光、建筑、静物等题材。

静音单拍模式的操作方法和拍摄题材与单拍模式基本类似，但由于使用静音单拍模式时相机发出的声音更小，因此更适合在较安静的场所进行拍摄，或者拍摄易于被相机快门声音惊扰的对象。

连拍模式

在连拍模式下，每次按下快门都将连续进行拍摄。佳能入门级相机都提供了连拍和静音连拍两种模式，中、高端相机提供了高速连拍、低速连拍和静音连拍 3 种模式。以 80D 相机为例，其高速连拍的速度约为 7 张 / 秒，低速连拍和静音连拍的连拍速度约为 3 张 / 秒，即在按下快门 1 秒的时间里，相机将连续拍摄约 7 张或 3 张照片。

连拍模式适合拍摄运动的对象。当将被摄对象的瞬间动作全部抓拍下来以后，可以从中挑选最满意的画面。利用这种拍摄模式，也可以将持续发生的事件拍摄成一系列照片，从而展现一个相对完整的过程。

自拍模式

佳能单反相机提供了两种自拍模式，可以满足不同的拍摄需求。

- 10 秒自拍/遥控：在此驱动模式下，可以在10秒后进行自动拍摄，此驱动模式支持与遥控器搭配使用。
- 2秒自拍/遥控2：在此驱动模式下，可以在两秒后进行自动拍摄，此驱动模式也支持与遥控器搭配使用。

值得一提的是，所谓的自拍驱动模式并非只能用来给自己拍照。例如，在需要使用较低的快门速度拍摄时，可以将相机放在一个稳定的位置，并进行变焦、构图、对焦等操作，然后通过设置自拍驱动模式，避免手按快门产生震动，进而拍摄到清晰的照片。

什么是大景深与小景深

举个最直接的例子，人像摄影中背景虚化的画面就是小景深画面，风光摄影中前后景物都清晰的画面就是大景深画面。

景深的大小与光圈、焦距及拍摄距离这 3 个要素密切相关。

当拍摄者与被摄对象之间的距离非常近，或者使用长焦距或大光圈拍摄时，就能得到很强烈的背景虚化效果；反之，当拍摄者与被摄对象之间的距离较远，或者使用小光圈或较短的焦距拍摄时，画面的虚化效果则会较差。

另外，被摄对象与背景之间的距离也是影响背景虚化的重要因素。例如，当被摄对象距离背景较近时，即使使用 F1.4 的大光圈也不能得到很好的背景虚化效果；但当被摄对象距离背景较远时，即便使用 F8 的光圈，也能获得较强烈的虚化效果。

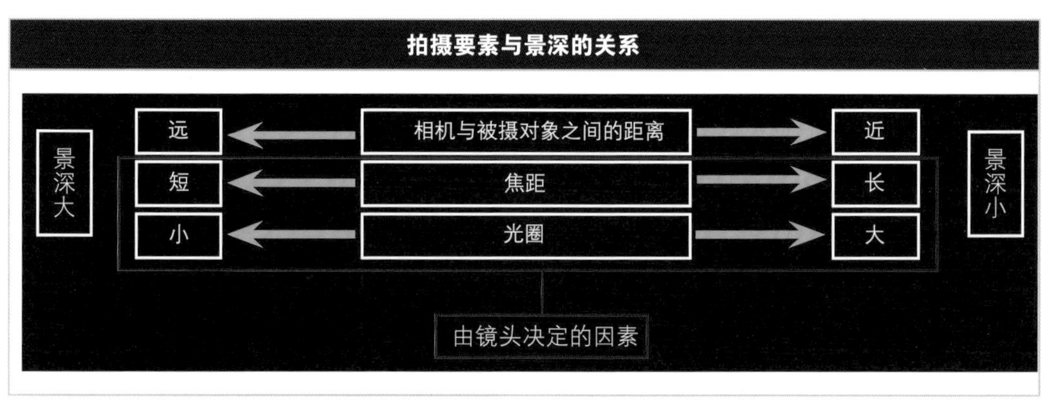

大景深效果的照片

小景深效果的照片

影响景深的因素：光圈

在日常拍摄人像、微距题材时，可以设置大光圈以虚化背景，有效地突出主体；而在拍摄风景、建筑、纪实等题材时，可以设置小光圈使所有景物都能清晰地呈现出来。

由此可知，光圈是控制景深（背景虚化程度）的重要因素。在相机焦距不变的情况下，光圈越大，则景深越小（背景越模糊）；反之，光圈越小，则景深越大（背景越清晰）。在拍摄时想通过控制景深来使自己的作品更有艺术效果，就要合理地使用大光圈和小光圈。

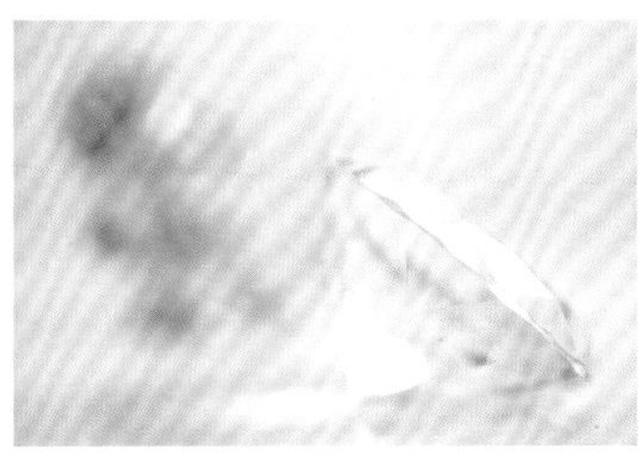

100mm F2.8 1/25s ISO250

100mm F5 1/8s ISO250

100mm F9 1/3s ISO250

○ 从这组照片可以看出，当光圈从 F2.8 变化到 F9 时，照片的景深也逐渐变大，原本因使用了大光圈而被模糊的小饰品，由于光圈逐渐变小而渐渐清晰起来

影响景深的因素：焦距

细心的摄影初学者会发现，在使用广角端拍摄时，即使将光圈设置得很大，虚化效果也不明显，而在使用长焦端拍摄时，设置同样的光圈值，虚化效果明显比广角端好。由此可知，当其他条件相同时，拍摄时所使用的焦距越长，画面的景深就越浅（小），即可以得到更明显的虚化效果；反之，焦距越短，则画面的景深就越深（大），越容易得到前后都清晰的画面效果。

70mm F2.8 1/640s ISO100

140mm F2.8 1/640s ISO100

200mm F2.8 1/640s ISO100

○ 通过对使用不同的焦距拍摄的花卉进行对比可以看出，焦距越长，则主体越清晰，画面的景深就越小

影响景深的因素：物距

拍摄距离对景深的影响

如果镜头已被拉至长焦端，而背景还是虚化不够，或者使用定焦镜头拍摄，距离主体较远，背景虚化也不明显，那么此时可以考虑走近拍摄对象拍摄，以加强小景深效果。在其他条件不变的情况下，拍摄者与被摄对象之间的距离越近，则越容易得到浅景深的虚化效果；反之，如果拍摄者与被摄对象之间的距离较远，则不容易得到虚化效果。

下方的一组照片是在所有拍摄参数都不变的情况下，只改变镜头与被摄对象之间的距离拍摄得到的。通过这组照片可以看出，镜头距离前景位置的蜻蜓越远，其背景的模糊效果就越差；反之，镜头越靠近蜻蜓，则拍出画面的背景虚化效果就越好。

镜头距离蜻蜓 100cm

镜头距离蜻蜓 70cm

镜头距离蜻蜓 40cm

背景与被摄对象的距离对景深的影响

有摄影初学者问："我在拍摄时使用的是长焦距、较大的光圈值，距离主体也较近，但是为什么背景虚化得还是不明显？"观看其拍摄的画面，可以发现原因在于主体离背景非常近。拍摄时，在其他条件不变的情况下，画面中的背景与被摄对象的距离越远，越容易得到浅景深的虚化效果；反之，如果画面中的背景与被摄对象位于同一个焦平面上，或者非常靠近，则不容易得到虚化效果。

下方一组照片是在所有拍摄参数都不变的情况下，只改变被摄对象距离背景的远近拍出的。

通过这组照片可以看出，在镜头位置不变的情况下，玩偶距离背景越近，则背景的虚化程度就越小。

玩偶距离背景 20cm

玩偶距离背景 10cm

玩偶距离背景 0cm

控制背景虚化用 Av 挡

许多刚开始学习摄影的爱好者，提出的第一个问题就是如何拍摄出人像清晰、背景模糊的照片。其实，使用 Av 光圈优先模式便可以拍摄出来这种效果，切换至 Av 模式的方法如右图所示。

在光圈优先曝光模式下，相机会根据当前设置的光圈大小自动计算出合适的快门速度。

在同样的拍摄距离下，光圈越大，则景深越小，即画面中的前景、背景的虚化效果就越好；反之，光圈越小，则景深越大，即画面中的前景、背景的清晰度就越高。总结成口诀就是“大光圈景浅，完美虚背景；小光圈景深，远近都清楚”。

○ 按住模式转盘解锁按钮，同时转动模式转盘，使 Av 图标对应右侧的白线标志，即为光圈优先模式。在 Av 模式下，向右转动主拨盘可设置更高的 F 值（更小的光圈），向左转动主拨盘可设置更低的 F 值（更大的光圈）

○ 用光圈优先曝光模式配合大光圈，可以得到非常漂亮的背景虚化效果，这是人像摄影中很常见的一种表现形式

○ 用小光圈拍摄自然风光，画面有足够大的景深，前后景都清晰

定格瞬间动作用 Tv 挡

足球场上的精彩瞬间、飞翔在空中的鸟儿、海浪拍岸所溅起的水花等题材都需要使用高速快门抓拍，而在拍摄这样的题材时，摄影爱好者应首先想到使用Tv快门优先模式，切换至Tv模式的方法如右图所示。

在快门优先模式下，摄影师可以转动主拨盘从 30~1/8000s（APS-C 画幅相机为 30~1/4000s）范围内选择所需快门速度，然后相机会自动计算光圈的大小，以获得正确的曝光组合。

初学者可以用口诀“快门凝瞬间，慢门显动感”来记忆，即设定较高的快门速度可以凝固快速的动作或移动的主体；设定较低的快门速度可以形成模糊效果，从而产生动感。

○ 按住模式转盘解锁按钮，同时转动模式转盘，使 Tv 图标对应右侧的白线标志，即为快门优先模式。在 Tv 模式下，向右转动主拨盘可设置较高的快门速度，向左转动可设置较低的快门速度

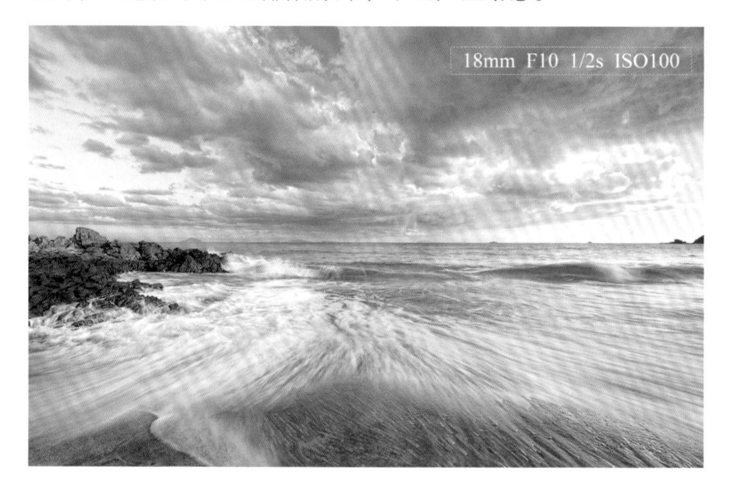

○ 用快门优先曝光模式，以低速快门拍摄，海浪呈现为丝线效果

匆忙抓拍用 P 挡

在拍摄街头抓拍、纪实或新闻等题材时，最适合使用 P 挡程序自动模式，此模式的最大优点是操作简单、快捷，适合拍摄快照或不用十分注重曝光控制的场景，切换至 P 挡程序自动模式的方法如右图所示。

在此拍摄模式下，相机会自动选择一种适合手持拍摄并且不受相机抖动影响的快门速度，同时还会调整光圈以得到合适的景深，以确保所有景物都能清晰呈现。摄影师还可以设置 ISO 感光度、白平衡和曝光补偿等其他参数。

○ 按住模式转盘解锁按钮，同时转动模式转盘，使 P 图标对应右侧的白线标志，即为程序自动曝光模式。在 P 模式下，摄影师可以通过转动主拨盘选择快门速度和光圈的不同组合

自由控制曝光用 M 挡

全手动曝光模式的优点

对于前面的曝光模式，摄影初学者问得较多的问题是：“P、Av、Tv、M 这 4 种模式，哪个模式好用，比较容易上手？”专业摄影大师们往往推荐 M 挡。其实这 4 种模式并没有好用与不好用之分，只不过 P、Av、Tv 这 3 种模式，都是由相机控制部分曝光参数，摄影师可以手动设置其他一些参数；而在全手动曝光模式下，所有的曝光参数都可以由摄影师手动进行设置，因而比较符合专业摄影大师们的习惯。

具体说来，使用 M 挡拍摄还具有以下优点。

- 使用M挡全手动曝光模式拍摄，当摄影师设置好恰当的光圈、快门速度数值后，即使移动镜头再次进行构图，光圈与快门速度的数值也不会发生变化。
- 使用其他曝光模式拍摄，往往需要根据场景的亮度，在测光后进行曝光补偿操作；而在M挡全手动曝光模式下，由于光圈与快门速度值都是由摄影师设定的，因此设定其他参数的同时就可以将曝光补偿考虑在内，从而省略了曝光补偿的设置过程。因此，在全手动曝光模式下，摄影师可以按自己的想法让影像曝光不足，以使照片显得较暗，给人忧伤的感觉，或者让影像稍微过曝，拍摄出明快的高调照片。
- 当在摄影棚拍摄并使用了频闪灯或外置非专用闪光灯时，由于无法使用相机的测光系统，需要使用测光表或通过手动计算来确定正确的曝光值，因此就需要手动设置光圈和快门速度，从而实现正确的曝光。

○ 按住模式转盘解锁按钮，同时转动模式转盘，使 M 图标对应右侧的白线标志，即为全手动曝光模式。在全手动曝光模式下，转动主拨盘可以调整快门速度值，转动速控转盘可以调整光圈值。在使用入门级的相机时，转动主拨盘调整快门速度值，按住光圈 / 曝光补偿按钮Av，然后转动主拨盘调整光圈值

○ 在光线、环境没有较大变化的情况下，使用 M 挡全手动曝光模式可以以同一组曝光参数拍摄多张不同构图或摆姿的照片

判断曝光状况的方法

在使用 M 挡全手动曝光模式拍摄时，为避免出现曝光不足或曝光过度的问题，摄影师可通过观察液晶监视器和取景器中的曝光量游标的情况，来判断是否需要修改及应该如何修改当前的曝光参数组合。

判断的依据就是当前曝光量标志的位置，当其位于标准曝光量的位置时，就能获得相对准确的曝光，如下方中间的图所示。

需要特别指出的是，如果希望拍出曝光不足的低调照片或曝光过度的高调照片，则需要调整光圈与快门速度，使当前曝光量游标处于正常曝光量标志的左侧或右侧，游标越向左侧偏移，曝光不足程度越高，照片越暗，如下方左侧的图所示。反之，如果当前曝光量游标在正常曝光量标志的右侧，则当前照片处于曝光过度状态，且游标越向右侧偏移，曝光过度程度越高，照片越亮，如下方右侧的图所示。

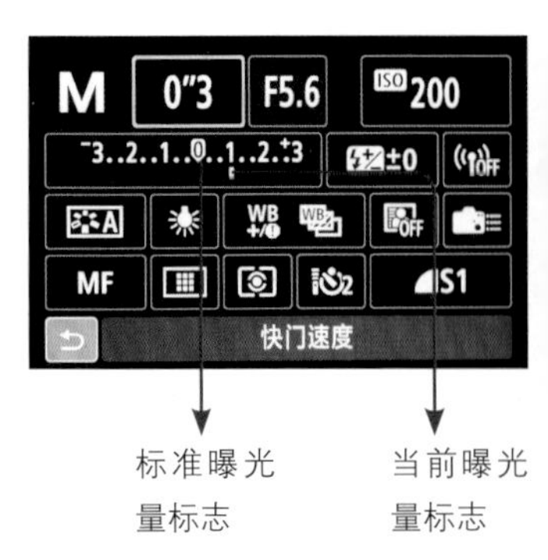

○ 用 M 挡全手动模式拍摄风景照片时，不用考虑曝光补偿，也不用考虑曝光锁定，当曝光量标志位于标准曝光量标志的位置时，就能获得相对准确的曝光

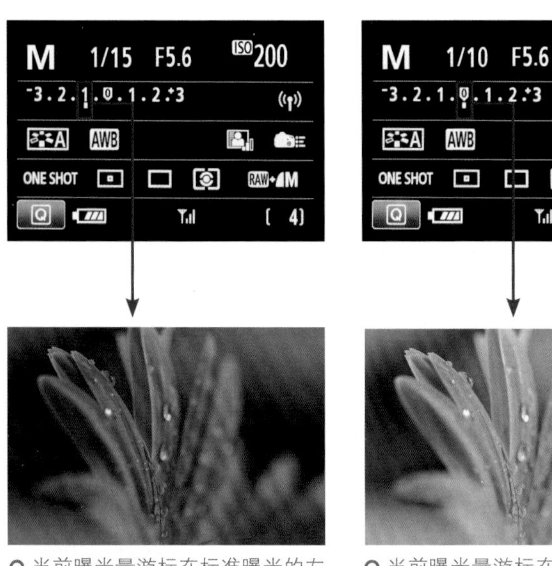

○ 当前曝光量游标在标准曝光的左侧数字 1 处，表示当前画面曝光不足一挡，画面较为灰暗

○ 当前曝光量游标在标准曝光位置处，表示当前画面曝光标准，画面明暗均匀

○ 当前曝光量游标在标准曝光的右侧数字 1 处，表示当前画面曝光过度一挡，画面较为明亮

用 B 门拍烟花、车轨、银河、星轨

摄影初学者拍摄朵朵绽开的烟花、乌云下的闪电等对象时，往往都只能抓拍到一朵烟花或漆黑的天空，这种情况的确让人顿时倍感失落。

其实，对于光绘、车流、银河、星轨、焰火等这种需要长时间曝光并手动控制曝光时间的题材，其他模式都不适合，应该用 B 门曝光模式拍摄，切换到 B 门的方法如右侧图所示。

在 B 门曝光模式下，持续地完全按下快门按钮将使快门一直处于打开状态，直到松开快门按钮时快门被关闭，才完成整个曝光过程。因此，曝光时间取决于快门按钮被按下与被释放的时间长短。

当使用 B 门曝光模式拍摄时，为了避免拍摄的照片模糊，应该使用三脚架及遥控快门线辅助拍摄，若不具备条件，至少也要将相机放置在平稳的地面上。

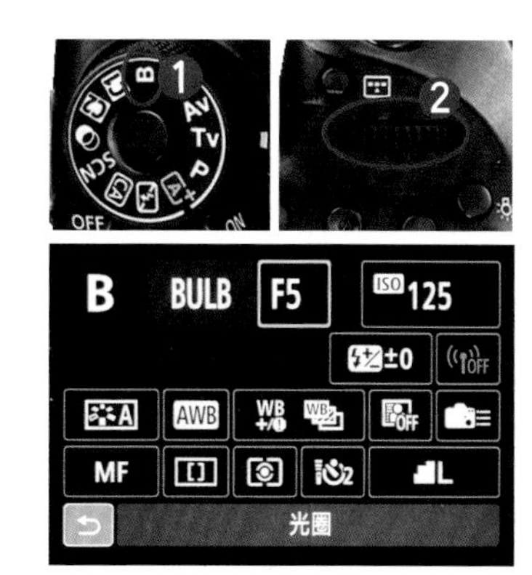

按住模式转盘解锁按钮，同时转动模式转盘，使 B 图标对应右侧的白线标志，即为 B 门曝光模式。在 B 门曝光模式下，转动主拨盘或速控转盘即可设置所需的光圈值

提示：若相机的模式转盘没有B图标，需要将模式转盘转至M挡，然后转动主拨盘将快门速度调至BULB，即为B门模式。按住光圈/曝光补偿按钮Av，然后转动主拨盘可以调整光圈值。

通过 60s 的长时间曝光，拍摄得到放射状的流云画面

第3章

构图与用光美学基础理论

理解两大构图目的

营造画面的兴趣中心

一幅成功的摄影作品，画面必须要有一个鲜明的兴趣中心点，在点明画面主题的同时，也是吸引观赏者注意力的关键所在。一幅作品无法包罗万象，纳入过多对象只会使画面显得杂乱无章，且易分散观赏者的注意力，使画面主题表达不明确。

而营造画面兴趣中心要求画面只突出表现一个景物，有一个清晰而鲜明的事物或主题思想即可，可以是整个物体或物体的某个组成部分，也可以是一个抽象的构图元素，抑或是几个元素的组合等，从而使画面产生统一感。选择好所要表现的主体对象之后，摄影师可以通过画面的布局、大小和对比来加强，并使之在画面中占据绝对优势。

赋予画面形式美感

形式美在摄影中的运用，通常是指将构成画面的基本视觉元素，如色彩、形状、线条和质感等，通过组织、提炼呈现出的审美特征。

作为一名摄影师，要相信绝大部分事物都有其独特的视觉审美点，无论它是渺小还是宏伟、华丽还是朴素。摄影师的任务就是从形态、线条、质感、明暗、颜色及光线等方面进行观察，综合运用各种造型手段，将被拍摄对象的形式美体现在照片中。

○ 以曲线的河流作为前景，起到引导视线的作用，让人随之观看远处的高山与恰好飘在山峰之上的彩云，整个画面浑然一体（焦距：24mm ┆ 光圈：F11 ┆ 快门速度：1/25s ┆ 感光度：ISO100）

摄影构图与摄像构图的异同

在当前的视频时代，许多摄影师并非只拍摄静态照片，还会拍摄各类视频。因此，笔者认为有必要对摄影构图与摄像构图的异同进行阐述，以便于各位读者在掌握本书所讲述的知识后，除了可以应用到照片拍摄活动中，还能够灵活运用到视频拍摄领域。

相同之处

两者的相同之处在于，视频画面也需要考虑构图。在考虑构图手法时，应用到的知识与静态的摄影构图没有区别。所以，当人们欣赏优秀的电影、电视时，将其中的一个静帧抽取出来欣赏，其美观度不亚于一张用心拍摄的静态照片。下图所示为电影《妖猫传》的一个镜头，不难看出，导演在拍摄时使用了非常严谨的对称式构图。

电影中对称式构图的应用

这也就意味着，本书虽然主要讲解的是静态摄影构图，但其中涉及的构图法则、构图逻辑等理论知识，完全可以用于拍摄视频时的构图操作。

不同之处

由于视频是连续运动的画面，所以构图时不仅要考虑当前镜头的构图，还要综合考虑前后几个镜头，从而形成一个完整的镜头段落，以这个段落来表达某一主题。所以，如果照片属于静态构图，那么视频则属于动态构图。

例如，要表现一栋建筑，如果采用摄影构图，通常以广角镜头来表现。而如果在拍摄视频时，首先以低角度拍摄建筑的局部，再从下往上摇镜头，则更能表现其雄伟气派的特点。因为这样的镜头类似于人眼的观看方式，更容易让人有身临其境的感觉。

因此，在拍摄视频时，需要确定分镜头脚本，以确定每一个镜头表现的景别及要重点突出的内容，不同镜头之间相互补充，然后通过一组镜头形成一个完整的作品。

也正因如此，在视频拍摄过程中，要重点考虑的是一组镜头的总体效果，而不是某一个静帧画面的构图效果，要按照局部服从整体的原则来考虑构图。

当然，如果有可能，每一个镜头的构图都非常美观是最好的，但实际上，这很难保证。因此，不能按静态摄影构图的标准来要求视频画面的构图效果。

另外，在拍摄静态照片时，会运用竖画幅、方画幅构图，但除非上传于抖音、快手等短视频平台，通常在拍摄短视频时，一般不使用这两种画幅进行构图。

画面的主要构成

画面主体

在一张照片中，主体不仅承担着吸引观者视线的作用，同时也是表现照片主题最重要的元素，而主体以外的元素，则应该围绕着主体展开，作为突出主体或表现主题的陪衬。

从内容上来说，主体可以是人，也可以是物，甚至可以是一个抽象的对象，而在构成上，点、线与面都可以成为画面的主体。

100mm F5.6 1/200s ISO200

○ 用大光圈虚化了背景，蝴蝶在小景深的画面中非常醒目

画面陪体

陪体在画面中并非必需的，但恰当地运用陪体可以让画面更为丰富，渲染不同的气氛，对主体起到解释、限定、说明的作用，有利于传达画面的主题。

有些陪体并不需要出现在画面中，通过主体发出的某种“信号”，能让观者感觉到画面以外陪体的存在。

○ 拍摄人像时以气球作为陪体，来使画面更加活泼，同时也丰富了画面的色彩

景别

景别是影响画面构图的另一重要因素。景别是指由于镜头与被摄体之间距离的变化，造成被摄主体在画面中所呈现的范围大小的区别。

特写

特写可以说是专门为刻画细节或局部特征而使用的一种景别，在内容上能够以小见大，而对环境则表现得非常少，甚至完全忽略。

需要注意的是，正因为特写景别是针对局部进行拍摄的，有时甚至会达到纤毫毕现的程度，因此对拍摄对象的要求更为苛刻，以避免细节不完美，影响画面的效果。

用长焦镜头表现角楼的细节，突出其古典的结构特点

近景

当采用近景景别拍摄时，环境所占的比例非常小，对主体的细节层次与质感表现较好，画面具有鲜明、强烈的感染力。如果以人体来衡量，近景主要拍摄人物胸部以上的身体部分。

利用近景表现角楼，可以很好地突出其局部结构特点

中景

中景通常是指选取被摄主体的大部分，从而对其细节表现得更加清晰。同时，画面中也会有一些环境元素，用以渲染整体气氛。如果以人体来衡量，中景主要拍摄人物上半身至膝盖左右的身体部分。

中景画面中的角楼，其层层叠叠的建筑结构很有东方特色

全景

全景是指以拍摄主体作为画面的重点，而主体则全部显示于画面中，适用于表现主体的全貌，相比远景更易于表现主体与环境之间的密切关系。例如，在人物肖像摄影中，运用全景构图，既能展示出人物的行为动作、面部表情与穿着等，也可以从某种程度上来表现人物的内心活动。

全景很好地表现了角楼整体的结构特点

远景

远景通常是指画面中除了被摄主体，还包括更多的环境因素。远景在渲染气氛、抒发情感、表现意境等方面具有独特的效果，远景画面具有广阔的视野，在气势、规模、场景等方面的表现力更强。

广角镜头表现了角楼和周围的环境，角楼看起来很有气势

15 种必须掌握的构图法则

黄金分割——核心构图法则

黄金分割构图来源于黄金分割比例。

将正方形底边分成二等份，取中点x，并以此为圆心、以线段xy为半径画圆，其与底边直线的交点为z点，这样将正方形延伸为一个比例为5∶8的矩形，即$A:C=B:A=5:8$，此比例就是著名的黄金分割比例。除了5∶8的比例，在实际使用时，也会采用2∶3或3∶5等近似的比例。

对于主流数码单反相机，无论是APS-C画幅还是全画幅，其画幅比例都比较接近5∶8，因此在拍摄时，能够非常容易地应用黄金分割法进行构图，从而达到快速获得完美构图的目的。

在上面推导出的完美矩形的基础上，绘制其左下角与右上角的对角线，再从右下角绘制y点的连线，并相交于对角线，这样就把矩形分成了3个不同的部分，按照这样的布局安排画面中的元素，就比较容易获得完美的构图。

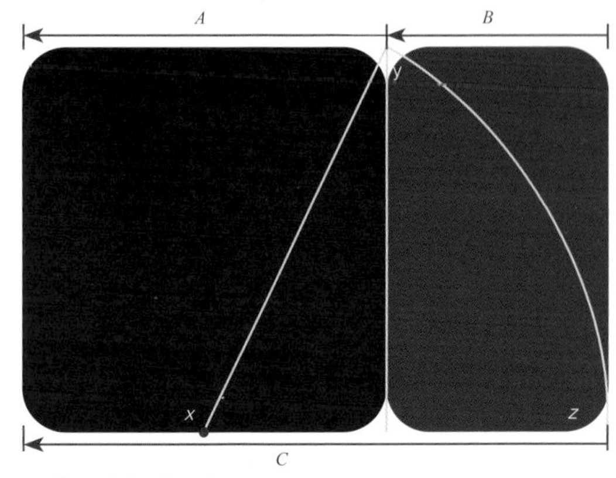

黄金分割法示意图

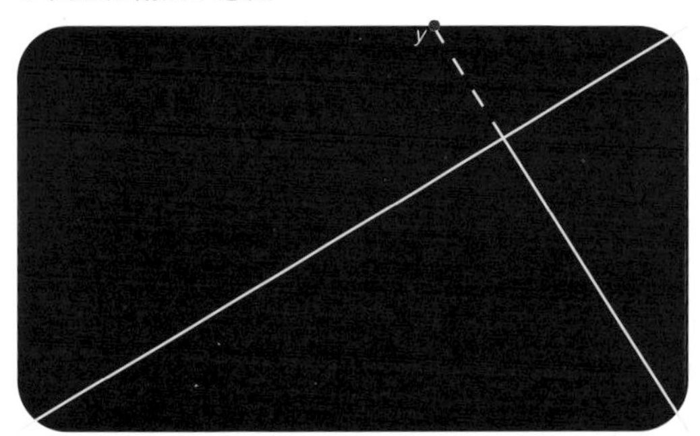

黄金分割的另一种形式

用黄金分割构图法，将人物头部放在黄金分割点上，起到了突出主体的作用（焦距：145mm ┆ 光圈：F5.6 ┆ 快门速度：1/400s ┆ 感光度：ISO100）

对摄影而言，真正用到黄金分割法的情况相对较少，因为在实际拍摄时很多画面元素并非摄影师可以控制的，再加上视角、景别等多种变数，因此很难实现完美的黄金分割构图。

但值得庆幸的是，经过不断的实践运用，人们总结出了黄金分割法的一些特点，进而演变出了一些相近的构图方法，如九宫格法（又称为三分法）就是其中一个重要的构图方法，其基本目的就是避免对称式构图的呆板。

在此构图法中，画面中线条的4个交点称为黄金分割点，可以将主体置于黄金分割点上，也可以将其置于任意一条分割线的位置。

九宫格构图法示意图

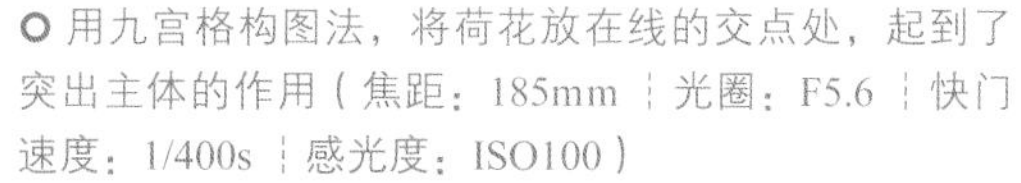

用九宫格构图法，将荷花放在线的交点处，起到了突出主体的作用（焦距：185mm ¦ 光圈：F5.6 ¦ 快门速度：1/400s ¦ 感光度：ISO100）

三分线——自然、稳定的构图

三分法构图是比较稳定、自然的构图。把主体放在三分线上，可以引导人的视线更好地注意到主体。这种构图法一直以来被各种风格的拍摄者广泛使用。当然，如果所有的摄影都采用这种构图法也就没有趣味可言了。

将人物放在画面右侧的三分线上，使观赏者的视线第一时间被主体吸引（焦距：60mm ┊ 光圈：F5.6 ┊ 快门速度：1/125s ┊ 感光度：ISO100）

水平线——宽阔、稳定的构图

水平线构图是典型的安定式构图，是通过构图手法使主体景物在画面中呈现为一条或多条水平线的构图手法。采用这种构图的画面能够给人以淡雅、幽静、安宁、平静的感觉。

夕阳西下，一叶扁舟静静地“躺”在平静的水面上。通过将水平线放在画面中央，很好地表现出了这一刻的静谧（焦距：16mm ┊ 光圈：F10 ┊ 快门速度：8s ┊ 感光度：ISO100）

垂直线——高大、灵活的构图

垂直线构图即通过构图手法使主体景物在画面中呈现为一条或多条垂直线。和水平线构图一样，垂直线构图也是一种基本的构图方式，画面在垂直方向有延伸感，给人以高大、耸立及生长感，象征着希望与庄严。

如果画面中的对象不易顶天立地贯通画面，应在构图上使其上端或下端留有一定的空间，否则会有堵塞感。

用垂直线构图表现树木的高大、挺拔，以及顽强的生命力

曲线——优美、柔和的构图

曲线构图即通过调整镜头的焦距和拍摄角度，使所拍摄的景物在画面中呈现为曲线的构图手法，能给人带来一种优美的感觉。其中，典型的是S形曲线构图，它能使画面富有变化，引导观赏者的视线随曲线蜿蜒转移，呈现出舒展的视觉效应。

用曲线构图表现河流的蜿蜒曲折之美

斜线——活力无限的构图

斜线构图能够表现运动感，使画面在斜线方向上有视觉动势和运动趋向，从而使画面充满强烈的运动速度感。拍摄激烈的赛车或其他速度型比赛时，常用此类构图方式。如果用这种构图拍摄茅草，能够体现出轻风拂过的感觉，为画面增加清爽的气息。

用斜线构图表现运动趋势及动感之美

对角线——强调方向的构图

对角线构图即在摄影取景范围内，经过拍摄者的选择和提炼，使主体景物呈现为明显的对角线线条。采用这种构图拍摄的照片，能够引导观赏者的视线随着线条的指向移动，从而使画面产生一定的运动感、延伸感。

用对角线构图将观赏者的思绪延伸到画面之外

放射线——发散式构图

放射线构图一般需要对风景仔细观察才能找到符合要求的放射线，可以表现出舒展的开放性和力量感。例如，阳光透过云层向下照射的构图就会给人一种梦幻而神圣的感觉。

○ 用放射线构图展现树木不断汇聚至一点的形式美感

对称——相互呼应的构图

对称构图是一种比较传统的构图方式，在构图时使画面中的元素上下对称或左右对称。这种构图方式能使画面产生严肃、庄重的感觉，同时在对比过程中能更好地突出主体，但有时会略显呆板、不生动。

○ 用对称构图表现山脉的严肃与庄重感

框架——更好地突出主体

框架构图就是充分利用前景物体作为框架进行拍摄，框架可以是任何形状。这种构图方式能使画面景物的层次更丰富，加强画面的空间感，并能更好地突出主体，以强调画面的视觉中心点。

在具体拍摄时，可以考虑用窗、门、树枝、阴影、手等为画面制作“框架”。

○ 用框架构图将观赏者的视线吸引至画面主体上，并营造良好的空间层次感

透视牵引——增强空间感的构图

透视牵引构图能使观赏者的视线聚集在整个画面中的某个点或某条线上，形成一个视觉中心。和放射线构图不同的是，它并没有一定的规律可循。采用透视牵引构图的照片对观者的视线具有引导作用，而且增强了整个画面的空间感。这种构图方式常用于拍摄桥梁或笔直的道路，使画面具有很强的纵深感，同时增强画面尽头的神秘感和未知感。

○ 用透视牵引构图引导观赏者的视线，并突出画面的纵深感

散点——随意自然的构图

散点构图以分散的点状形象来构成画面，就像一些珍珠散落在银盘里，使整个画面中的景物既有聚又有散，既存在不同的形态，又统一于照片的背景中。

散点构图常见于以俯视角度表现地面上的牛、羊、马群，或者草地上星罗棋布的花朵。

用散点构图让画面看起来轻松、随意，疏密有致又不失美感

紧凑——突出主体的构图

紧凑构图是指主体在整个画面中占据绝大部分面积，可以被更好地突出，给人留下深刻的印象。此种构图方式多用于拍摄人像特写或微距题材。

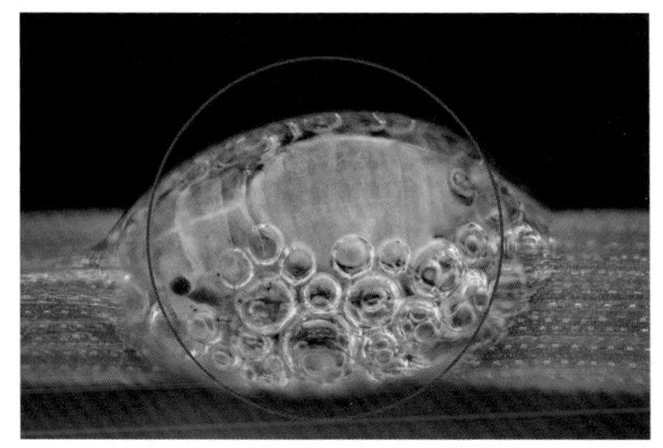

用紧凑构图让画面中的昆虫纤毫毕现，具有强烈的冲击力

正三角形——稳重且有力度感

正三角形构图能营造稳定的安全感，使画面呈现出一种向上的延伸感。三角形构图易使画面产生呆滞感，所以拍摄者要充分发挥创造力，寻找兴趣点。

用正三角形构图表现山脉的庄重与稳定

倒三角形——不稳定的动态感

倒三角形构图在构图中相对较为新颖，相比正三角形构图而言，倒三角形构图给人的感觉是稳定感不足，但更能体现出一种不稳定的张力，以及一种视觉和心理上的压迫感。

用倒三角形构图表现皇家建筑的压迫感，并且使画面产生较强的张力

光的属性

直射光

光源直接照射到被摄体上，使被摄体受光面明亮、背光面阴暗，这种光线就是直射光。

直射光照射下的对象会产生明显的亮面、暗面与投影，所以会表现出强烈的明暗对比。当以直射光照射被摄对象时，有利于表现被摄体的结构和质感，因此是建筑摄影、风光摄影的常用光线之一。

○ 在直射光下拍摄的风光，明暗反差对比强烈，线条硬朗，画面有力量

散射光

散射光是指没有明确照射方向的光，例如阴天、雾天时的天空光，或者添加柔光罩的灯光，水面、墙面、地面反射的光线也是典型的散射光。散射光的特点是照射均匀，被摄体明暗反差小，影调平淡柔和，能较为理想地呈现出细腻且丰富的质感和层次，但同时也会带来被摄对象体积感不足的负面影响。

○ 用散射光拍摄的照片色调柔和，明暗反差较小，画面整体效果素雅洁净

光的方向

光的方向在摄影中也被称为光位，指光源位置与拍摄方向形成的角度。当不同方向的光线投射到同一个物体上时，会形成 6 种在摄影时要重点考虑的光位，即顺光、侧光、前侧光、逆光、侧逆光和顶光。

顺光

顺光也称为“正面光”，指光线的投射方向和拍摄方向相同的光线。在这样的光线下，被摄体受光均匀，景物没有大面积的阴影，色彩饱和，能表现丰富的色彩效果。但由于没有明显的明暗反差，所以对层次感和立体感的表现较差。

顺光拍摄的画面，虽然较好地表现了体积与颜色，但层次感表现一般

侧光

侧光是最常见的一种光线，侧光光线的投射方向与拍摄方向形成的夹角大于 0° 小于 90°。在侧光下拍摄，被摄体的明暗反差、立体感、色彩还原、影调层次都有较好的表现。其中又以 45° 的侧光最符合人们的视觉习惯，因此是一种最常用的光位。

用侧光拍摄山峦，可以使山峦看起来更立体，画面的层次感也更强

前侧光

前侧光是指光投射的方向和相机的拍摄方向呈 45° 角左右的光线。在前侧光下拍摄的物体会产生部分阴影，明暗反差比较明显，画面看起来富有立体感。因此，这种光位在摄影中比较常见。另外，前侧光可以照亮景物的大部分，在曝光控制上也较容易掌握。

无论是在人像摄影、风光摄影中，还是在建筑摄影等摄影题材中，前侧光都有较广泛的应用。

○ 用前侧光拍摄人像，可使其大面积处于光线照射下，从画面中可看出，模特皮肤明亮，五官很有立体感

逆光

逆光也称为背光，光线照射方向与拍摄方向相反，因为能勾勒出被摄物体的轮廓，所以又称为轮廓光。在逆光下拍摄需要对所拍摄的对象进行补光，否则拍出的照片立体感和空间感将被压缩，甚至成为剪影。

○ 在逆光拍摄的画面中，人物呈剪影效果，在拍摄这类画面时背景要简洁

侧逆光

侧逆光通俗来讲就是后侧光，是指光线从被摄对象的后侧方投射而来。采用侧逆光拍摄可以使被摄景物同时产生侧光和逆光的效果。

如果画面中包含的景物比较多，靠近光源方向的景物轮廓就会比较明显，而背向光源方向的景物则会有较深的阴影，这样一来，画面中就会呈现出明显的明暗反差，产生较强的立体感和空间感，应用在人像摄影中能产生主体与背景分离的效果。

70mm F2.8 1/250s ISO100

当在侧逆光下拍摄人像时，人物被光线照射的头发呈现出发光的效果

顶光

顶光是指照射光线来自于被摄体的上方，与拍摄方向呈 90° 夹角，是戏剧用光的一种，在摄影中单独使用的情况不多。尤其是在拍摄人像时，会在被摄对象的眉弓、鼻底及下颌等处形成明显的阴影，不利于表现被摄人物的美感。

200mm F3.2 1/500s ISO100

在顶光下拍摄的花朵由于明暗差距较大，因此看起来光感强烈，配合大光圈的使用，画面主体突出且明亮、干净

光比的概念与运用

光比是指被摄物体受光面亮度与阴影面亮度的比值，是摄影的重要参数之一。光比还指被摄对象相邻部分的亮度之比，或者被摄体主要部位亮部与暗部之间的反差。光比大，反差就大；光比小，反差就小。

光比的大小，决定着画面明暗的反差，使画面形成不同的影调和色调。拍摄时巧用光比，可以有效地表现被摄物体“刚”与“柔”的特性。例如，拍摄女性、儿童时常用小光比，拍摄男性、老人时常用大光比。所以，我们可以根据想要表现的画面效果来合理地控制画面的光比。

用大光比塑造人像，通常可以强化人物性格的表现，营造画面氛围，画面中的女孩看起来很时尚

光比较小，能够较好地表现出模特柔美的肤质和细腻的女性气质

第4章

镜头基本概念及佳能单反镜头推荐

读懂佳能镜头参数

虽然有些摄影师手中有若干镜头，但不一定都了解镜头上数字或字母的含义。所以，当摄影界的“老法师”拿起镜头，口中念念有词道“二代”“带防抖”“恒定光圈”时，摄影初学者往往羡慕不已，却不知其意。其实，只要能够熟记镜头上数字和字母代表的含义，就能很快地了解一款镜头的性能指标。

EF 24-105mm F4 L IS USM

❶ ❷ ❸ ❹

❶ 镜头种类

■ EF

适用于 EOS 相机所有卡口的镜头均采用此标记。如果是 EF，则不仅可用于胶片单反相机，还可用于全画幅、APS-H 尺寸及 APS-C 尺寸的数码单反相机。

■ EF-S

EOS 数码单反相机中使用 APS-C 尺寸图像感应器机型的专用镜头。S 为 Small Image Circle（小成像圈）的首字母缩写。

■ MP-E

最大放大倍率在 1 倍以上的“MP-E 65mm F2.8 1-5x 微距摄影”镜头所使用的名称。MP 是 Macro Photo（微距摄影）的缩写。

❷ 焦距

表示镜头焦距的数值。定焦镜头采用单一数值表示，变焦镜头分别标记焦距范围两端的数值。

❸ 最大光圈

表示镜头所拥有的最大光圈。光圈恒定的镜头采用单一数值表示，如 EF 70-200mm F2.8 L IS USM；浮动光圈的镜头标出光圈的浮动范围，如 EF-S 18-135mm F3.5-5.6 IS。

❹ 镜头特性

■ L

L 为 Luxury（奢侈）的缩写，表示此镜头属于高端镜头。此标记仅赋予佳能内部特别标准的、具有优良光学性能的高端镜头。

■ Ⅱ、Ⅲ

当镜头基本上采用相同的光学结构，仅在细节上有微小差异时，添加该标记。Ⅱ、Ⅲ表示同一光学结构镜头的第 2 代和第 3 代。

■ USM

表示自动对焦机构的驱动装置采用了超声波马达（USM）。USM 将超声波振动转换为旋转动力从而驱动对焦。

■ 鱼眼（Fisheye）

表示对角线视角为 180°（全画幅时）的鱼眼镜头。之所以称为鱼眼，是因为其画面接近于鱼从水中看陆地的视野。

■ IS

IS 是 Image Stabilizer（图像稳定器）的缩写，表示镜头内部搭载了光学式手抖动补偿机构。

学会换算等效焦距

摄影爱好者常用的佳能单反相机，一般分为两种画幅，一种是全画幅相机，一种是APS-C画幅相机。

佳能 APS-C 画幅相机的 CMOS 感光元件的尺寸为 22.3mm × 14.9mm，由于比全画幅的感光元件（36mm × 24mm）小，因此，其视角也会变小。但为了与全画幅相机的焦距数值统一，也为了便于描述，一般通过换算的方式得到一个等效焦距，佳能 APS-C 画幅相机的焦距换算系数为 1.6。

因此，如果将焦距为100mm的镜头装在全画幅相机上，其焦距仍为100mm；但如果将其装在70D相机上时，焦距就变为了160mm，用公式表示为：APS-C**等效焦距 = 镜头实际焦距 × 转换系数**（1.6）。

学习换算等效焦距的意义在于，摄影爱好者要了解同样一支镜头安装在全画幅相机与 APS-C 画幅相机所带来的不同效果。例如，如果摄影爱好者的相机是 APS-C 画幅，但是想购买一支全画幅定焦镜头用于拍摄人像，那么就要考虑到焦距的选择。通常 85mm 左右焦距拍摄出来的人像是最为真实、自然的，在购买镜头时，不能直接选择 85mm 的定焦镜头，而是应该选择 50mm 的定焦镜头，因为按等效焦距换算，50mm 的定焦镜头拍摄出来的画面基本与 85mm 焦距的效果一致。

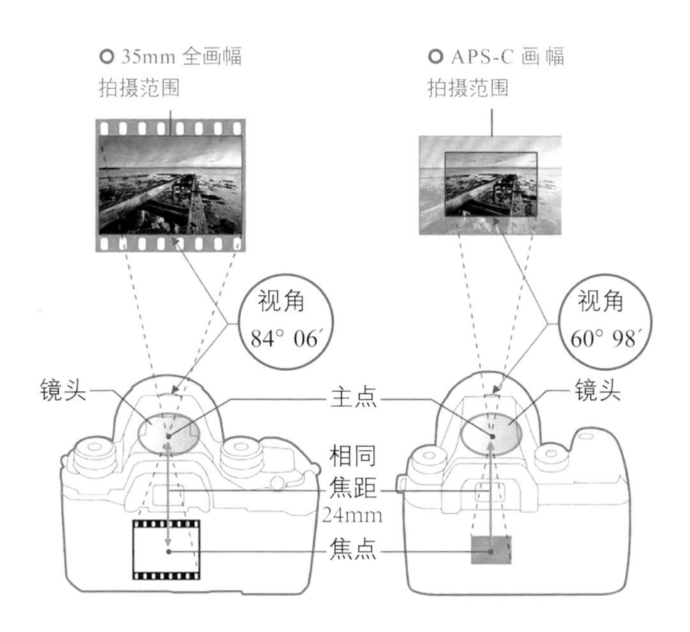

假设此照片是使用全画幅相机拍摄的，那么在相同的情况下，使用 APS-C 画幅相机就只能拍摄到图中红色框中所示的范围

了解焦距对视角、画面效果的影响

焦距对拍摄视角有非常大的影响，例如，使用广角镜头的 14mm 焦距拍摄，其视角能够达到 114°；而如果使用长焦镜头的 200mm 焦距拍摄，其视角只有 12°。不同焦距镜头对应的视角如下图所示。

由于不同焦距镜头的视角不同，因此，不同焦距镜头适用的拍摄题材也有所不同。比如，焦距短、视角宽的广角镜头常用于拍摄风光；而焦距长、视角窄的长焦镜头则常用于拍摄体育比赛、鸟类等位于远处的对象。要记住不同焦段的镜头的特点，可以从下面这句口诀开始："短焦视角广，长焦压空间，望远景深浅，微距景更短。"

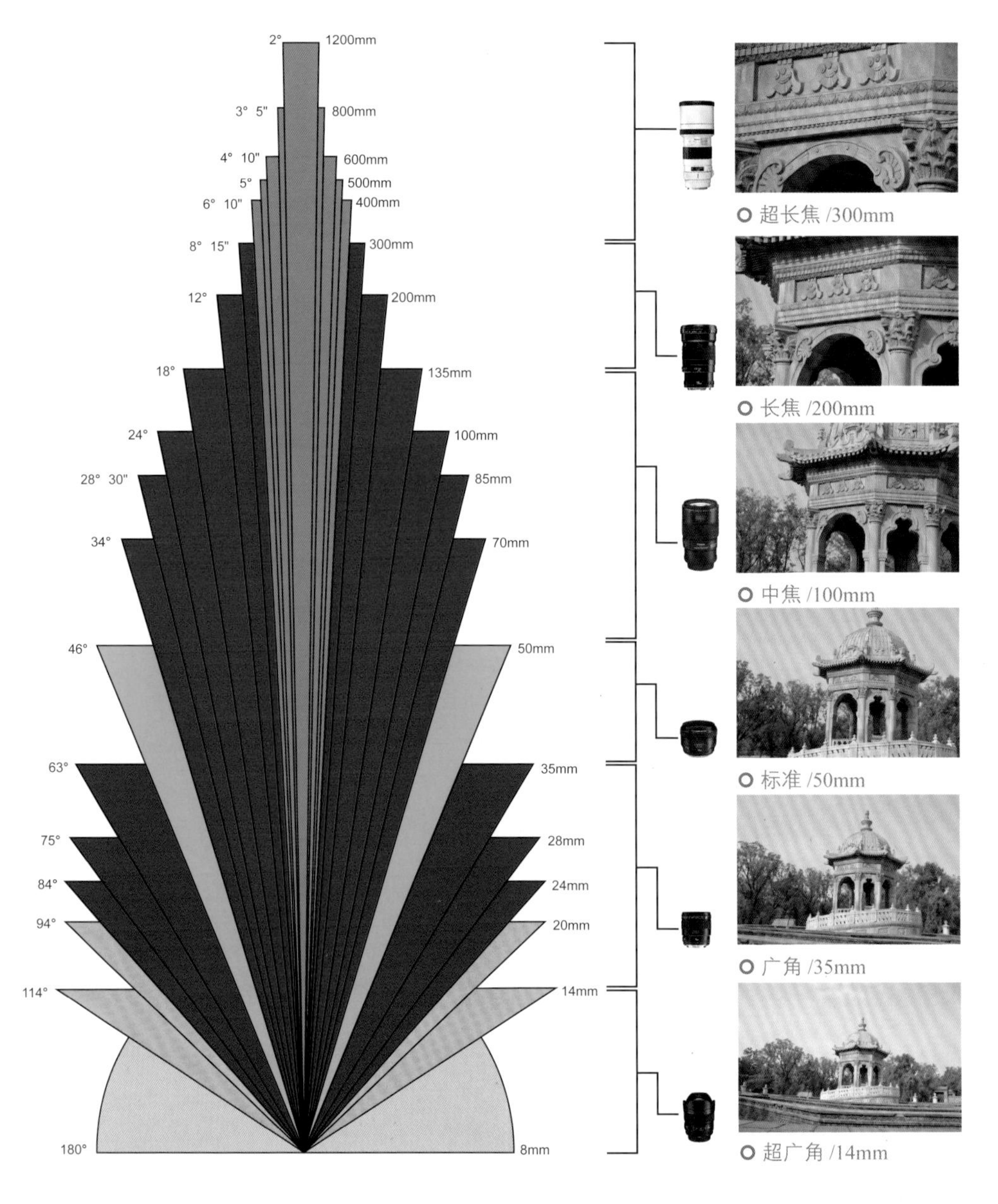

超长焦 /300mm

长焦 /200mm

中焦 /100mm

标准 /50mm

广角 /35mm

超广角 /14mm

明白定焦镜头与变焦镜头的优劣

在选购镜头时，除了要考虑原厂、副厂、拍摄用途，还涉及定焦与变焦镜头的选择。

如果用一句话来说明定焦与变焦的区别，那就是：“定焦取景基本靠走，变焦取景基本靠扭”。由此可见，两者之间最大的区别就是一个焦距固定，另一个焦距不固定。

下面通过表格来了解一下两者之间的区别。

○ 佳能 EF 50mm F1.2 L USM 定焦镜头

定焦镜头	变焦镜头
佳能 EF 85mm F1.2L II USM	EF-S 15-85mm F3.5-5.6 IS USM
恒定大光圈	浮动光圈居多，少数为恒定大光圈
最大光圈可达到 F1.8、F1.4、F1.2	少数镜头最大光圈能达到 F2.8
焦距不可调节，改变景别靠走	可以调节焦距，改变景别不用走
成像质量优异	大部分镜头成像质量不如定焦镜头
除了少数超大光圈镜头，其他定焦镜头售价都低于恒定光圈的变焦镜头	生产成本较高，镜头售价较高

○ 佳能 EF 70-200mm F2.8 L Ⅱ IS USM 变焦镜头

○ 在这组照片中，摄影师只需选好合适的拍摄位置，就可利用变焦镜头拍摄出不同景别的人像作品

大倍率变焦镜头的优势

变焦范围大

大倍率变焦镜头是指那些拥有较大的变焦范围，通常都具有 5 倍、10 倍甚至更高的变焦倍率。

价格亲民

这类镜头的价格普遍不高，即便是原厂镜头，在价格上也相对较低，使得普通摄影爱好者也能够消费得起。

在各种环境下都可发挥作用

大倍率变焦镜头的大变焦范围，让用户在各种情况下都可以轻易完成拍摄。比如，在参加活动时，常常是在拥挤的人群中拍摄，此时可能根本无法动弹，或者在需要抓拍、抢拍时，如果镜头的焦距不合适，则很难拍摄到好的照片。而对于焦距范围较大的大倍率变焦镜头，则几乎不存在这样的问题，在拍摄时可以通过随意变焦，以各种景别对主体进行拍摄。

又如，在拍摄人像时，可以使用广角或中焦焦距拍摄人物的全身或半身像，在摄影师保持不动的情况下，只需改变镜头的焦距，就可以轻松地拍摄人物的脸部甚至眼睛的特写。

大倍率变焦镜头可以让摄影师在同一位置拍摄到不同景别的照片

大倍率变焦镜头的劣势

成像质量不佳

由于变焦倍率高、价格低廉等原因，大倍率变焦镜头的成像质量通常都处于中等水平。但如果在使用时避免使用最长与最短焦距，在光圈设置上避免使用最大光圈或最小光圈，则可以有效地改善画质，因为在使用最大和最小光圈拍摄时，成像质量下降、暗角及畸变等问题都会变得更为明显。

机械性能不佳

大倍率变焦镜头很少会采取防潮、防尘设计，尤其是在变焦时，通常会向前伸出一截或两截镜筒，这些位置不可避免地会有空隙，长时间使用难免会进灰，因此，在平时应特别注意尽量不要在潮湿、灰尘较大的环境中使用。

另外，对于会伸出镜筒的镜头，在使用一段时间后，也容易出现阻尼不足的问题，即当相机朝下时，镜筒可能自动滑出。因此，在日常使用时，应尽量避免用力、急速地拧动变焦环，以延长阻尼的使用寿命。当镜头提供变焦锁定开关时，还应该在不使用的时候锁上此开关，避免自动滑出的情况出现。

○ 镜头上的变焦锁定开关，朝镜头前端一推是锁定，朝镜头后端一推是解锁

○ 外出旅游时，带一支大倍率变焦镜头即可满足拍摄需求

恒定光圈镜头与浮动光圈镜头

恒定光圈镜头

恒定光圈，是指在镜头的任何焦段下都拥有相同的光圈。定焦镜头的焦距是固定的，光圈也是恒定的，因此恒定光圈对于变焦镜头的意义更为重要。如佳能 EF 24-70mm F2.8L USM 就拥有恒定 F2.8 的大光圈，可以在 24mm ~ 70mm 范围内的任意一个焦距下拥有 F2.8 的大光圈，以保证充足的进光量，或者更好的虚化效果。

恒定光圈镜头：佳能 EF 24-70mm F2.8 L USM

浮动光圈镜头

浮动光圈，是指光圈会随着焦距的变化而改变，例如佳能 EF-S 10-22mm F3.5-4.5 USM，当焦距为 10mm 时，最大光圈为 F3.5；而当焦距为 22mm 时，其最大光圈就自动变为了 F4.5。很显然，恒定光圈的镜头使用起来更方便，因为可以在任何一个焦段下获得最大光圈，但其价格也往往较高。而浮动光圈镜头的性价比较高则是其较大的优势。

浮动光圈镜头：佳能 EF-S 10-22mm F3.5-4.5 USM

购买镜头时合理搭配的原则

在选购镜头时普通摄影爱好者应该特别注意各镜头的焦段搭配，尽量避免重合，甚至可以留出一定的“中空”。比如佳能“大三元”系列的3支镜头，即EF 16-35mm F2.8 L Ⅱ USM、EF 24-70mm F2.8L Ⅱ USM、EF 70-200mm F2.8 L IS Ⅱ USM镜头，覆盖了从广角到长焦最常用的焦段，且各镜头之间焦距的衔接极为紧密，即使是专业摄影师，也能够满足其绝大部分拍摄需求。

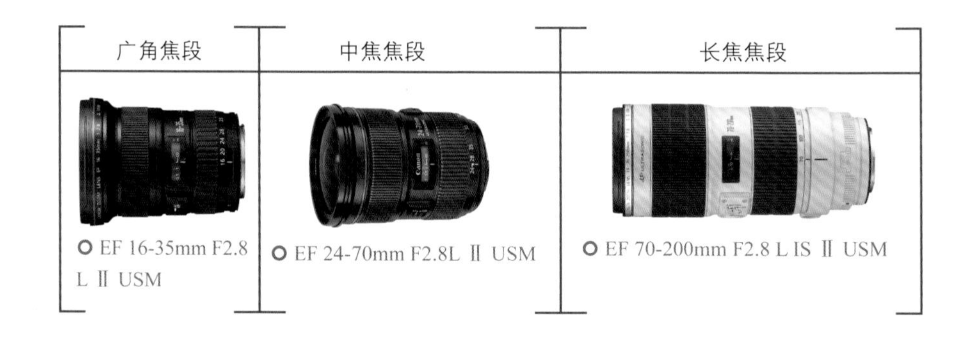

EF 16-35mm F2.8 L Ⅱ USM

EF 24-70mm F2.8L Ⅱ USM

EF 70-200mm F2.8 L IS Ⅱ USM

选择一支合适的广角镜头：EF 16–35mm F4 L IS USM

这款镜头是佳能“小三元”中的最新一款产品，跟“大三元”中的 EF 16-35mm F2.8 L Ⅱ USM 相比，只是小了一挡光圈而已，但价格更加合适。

这款镜头使用了两片超低色散镜片，能有效减少光线的色散，提高镜头的反差和分辨率；还使用了 3 片非球形镜片，大大降低了使用广角端拍摄时出现成像畸变的可能性。

它的成像质量非常优异，在大光圈下，画面边缘也能锐利成像，其对广角畸变的控制较强，镜头搭载了 IS 防抖功能，最大可获得约 4 级快门速度补偿，即使是在夜晚或室内等昏暗的场景下拍摄，也能轻而易举地获得清晰的照片。即使装在佳能 APS-C 画幅相机上，等效焦距也有 26mm~56mm，既能拍摄风光，又能满足其他日常拍摄的要求。

镜片结构	12 组 16 片
光圈叶片数	9
最大光圈	F4
最小光圈	F22
最近对焦距离（cm）	28
最大放大倍率	0.23
滤镜尺寸（mm）	77
规格（mm）	82.6 × 112.8
质量（g）	615
等效焦距（mm）	26~56

选择一支合适的中焦镜头：EF 85mm F1.8 USM

这是一款人像摄影专用镜头。佳能共发布了两款人像摄影专用镜头，另一款是 EF 85mm F1.2 L Ⅱ USM，但它的价格有上万元，并不适合普通摄友使用。而 EF 85mm F1.8 USM 的价格只有两千多元，是非常超值的人像摄影镜头。

这款镜头的最大光圈达到了 F1.8，在室外拍摄人像时可以获得非常优异的焦外成像，这种散焦效果呈圆形，要比 EF 50mm F1.4 的六边形散焦更加漂亮。不过在使用 F1.8 最大光圈时会有轻微的紫边现象，把光圈缩小到 F2.8 之后，画质会十分优秀。

镜片结构	7 组 9 片
光圈叶片数	8
最大光圈	F1.8
最小光圈	F22
最近对焦距离（cm）	85
最大放大倍率	0.13
滤镜尺寸（mm）	58
规格（mm）	75 × 71.5
质量（g）	425
等效焦距（mm）	136

选择一支合适的长焦镜头：EF 70–200mm F2.8 L IS Ⅱ USM

这款“小白 IS”“爱死小白”的第二代产品，被人们亲昵地冠以“小白兔”的绰号。作为佳能 EOS 顶级 L 镜头的代表，它采用了 5 片超低色散镜片和 1 片萤石镜片的组合，对色像差进行了良好的补偿。在镜头对焦镜片组（第 2 组镜片）配置的超低色散镜片，可以对对焦时容易出现的倍率色像差进行补偿。采用优化的镜片结构及超级光谱镀膜，可以有效地抑制眩光与鬼影。全新的 IS 影像稳定器可带来相当于 4 级快门速度的手抖动补偿效果。

总的来说，这款镜头囊括了几乎佳能所有的高新技术，性能是绝对有保障的。

镜片结构	19 组 23 片
光圈叶片数	8
最大光圈	F2.8
最小光圈	F32
最近对焦距离（cm）	120
最大放大倍率	0.21
滤镜尺寸（mm）	77
规格（mm）	89 × 199
质量（g）	1490
等效焦距（mm）	112~320

选择一支合适的微距镜头：EF 100mm F2.8 L IS USM

在微距摄影中，100mm 左右焦距的 F2.8 专业微距镜头，被人们称为“百微”，也是各镜头厂商的必争之地。

从尼康的 105mm F2.8 镜头加入 VR 防抖功能开始，各“百微”镜头也纷纷升级各自的防抖功能。佳能这款镜头就是典型的代表之一，其双重 IS 影像稳定器能够在通常的拍摄距离下实现相当于 4 级快门速度的手抖动补偿效果；当放大倍率为 0.5 时，能够获得相当于 3 级快门速度的手动补偿效果；当放大倍率为 1 时，能够获得相当于 2 级快门速度的手抖动补偿效果，为手持微距拍摄提供了更大的保障。

这款镜头包含 1 片对色像差有良好补偿效果的超低色散镜片，优化的镜片位置和镀膜可以有效抑制鬼影和眩光的产生。为了保证能够得到漂亮的虚化效果，镜头采用了圆形光圈，为塑造唯美的画面效果创造了良好的条件。

镜片结构	12 组 15 片
光圈叶片数	9
最大光圈	F2.8
最小光圈	F32
最近对焦距离（cm）	30
最大放大倍率	1
滤镜尺寸（mm）	67
规格（mm）	77.7 × 123
质量（g）	625
等效焦距（mm）	160

第5章 滤镜及脚架等附件的使用技巧

滤镜的“方圆”之争

摄影初学者在网上商城选购滤镜时，看到滤镜有方形和圆形两种，不知道该如何选择。通过本节内容，在了解方形滤镜与圆形滤镜的区别后，摄影爱好者便可以根据自身需求做出选择了。

○ 圆形与方形的中灰渐变镜

滤镜	圆形		方形
UV 镜 保护镜 偏振镜	这3种滤镜都是圆形的，不存在方形与圆形的选择问题		—
中灰镜	优点	可以直接安装在镜头上，方便携带及安装遮光罩	不用担心镜头口径问题，在任何镜头上都可以用
	缺点	需要匹配镜头口径，并不能通用于任何镜头	需要安装在滤镜支架上使用，因此不能在镜头上安装遮光罩了；携带不太方便
渐变镜	优点	可以直接安装在镜头上，使用起来比较方便	可以根据构图的需要调整渐变的位置
	缺点	渐变位置是不可调节的，只能拍摄天空约占画面50%的照片	需要买一个支架装在镜头前面才可以把滤镜装上

选择滤镜要对口

有些摄影爱好者拍摄风光的机会比较少，在器材投资方面，并没有选购一套滤镜的打算，因此，如果偶然有几天要外出旅游拍一些风光照片，会借用朋友的滤镜，或者在网上租一套滤镜。此时，需要格外注意镜头口径的问题。因为有的滤镜并不能通用于任何镜头，不同的镜头拥有不同的口径，因此，相应的滤镜也分为各种尺寸，一定要注意了解自己所使用的镜头口径，避免滤镜拿回去以后或过大或过小，而安装不到镜头上去。

例如，EF-S 18-55mm F3.5-5.6 IS STM 镜头的口径是 58mm，EF-S 18-135mm F3.5-5.6 IS STM 镜头的口径为 67mm，而专业级的镜头，如佳能的“小白兔”EF 70-200mm F2.8L IS Ⅱ USM 镜头的口径则为 77mm。

在选择方形渐变镜时，也需要注意镜头口径的大小。如果当前镜头安装滤镜的尺寸是 82mm，那么可选择方形的镜片，以方便进行调节。

UV 镜

UV 镜也叫“紫外线滤镜”，是滤镜的一种，主要是针对胶片相机设计的，用于防止紫外线对曝光的影响，提高成像质量和影像的清晰度。现在的数码相机已经不存在这种问题了，但由于其价格低廉，已成为摄影师用来保护数码相机镜头的工具。因此，强烈建议摄友在购买镜头的同时也购买一款 UV 镜，以更好地保护镜头不受灰尘、手印及油渍的侵扰。

B+W 77mm XS-PRO MRC UV 镜

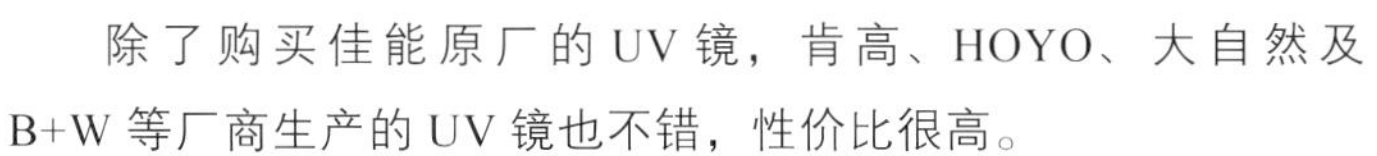

除了购买佳能原厂的 UV 镜，肯高、HOYO、大自然及 B+W 等厂商生产的 UV 镜也不错，性价比很高。

保护镜

如前所述，在数码摄影时代，UV 镜的作用主要是保护镜头。开发这种 UV 镜可以兼顾数码相机与胶片相机，但考虑到胶片相机逐步退出了主流民用摄影市场，各大滤镜厂商在开发 UV 镜时已经不再考虑胶片相机。因此，这种 UV 镜演变成了专门用于保护镜头的一种滤镜：保护镜，这种滤镜的功能只有一个，就是保护昂贵的镜头。

肯高保护镜

与 UV 镜一样，口径越大的保护镜价格越贵，通光性越好的保护镜价格也越高。

保护镜不会影响画面的画质，透过它拍摄出来的风景照片层次很细腻，颜色很鲜艳

偏振镜

如果希望拍摄到具有浓郁色彩的画面、清澈见底的水面，或者想透过玻璃拍好物品等，一个好的偏振镜是必不可少的。

偏振镜也叫偏光镜或 PL 镜，可分为线偏和圆偏两种，主要用于消除或减少物体表面的反光。数码相机应选择有“CPL”标志的圆偏振镜，因为在数码单反相机上使用线偏振镜容易影响测光和对焦。

在使用偏振镜时，可以旋转其调节环以选择不同的强度，在取景器中可以看到一些色彩上的变化。同时需要注意的是，偏振镜会阻碍光线的进入，大约相当于减少两挡光圈的进光量，故在使用偏振镜时，需要降低约两挡快门速度，这样才能拍出与未使用偏振镜时相同曝光量的照片。

肯高 67mm C-PL（W）偏振镜

用偏振镜提高色彩饱和度

如果拍摄环境的光线比较杂乱，会对景物的颜色还原产生很大的影响。环境光和天空光在物体上形成的反光，会使景物的颜色看起来并不鲜艳。使用偏振镜进行拍摄，可以消除杂光中的偏振光，减少杂散光对物体颜色还原的影响，从而提高物体色彩的偏振镜饱和度，使景物的颜色显得更加鲜艳。

在镜头前加装偏振镜进行拍摄，可以改变画面的灰暗色彩，增强色彩的饱和度

用偏振镜压暗蓝天

晴朗天空中的散射光是偏振光，利用偏振镜可以减少偏振光，使蓝天变得更蓝、更暗。加装偏振镜后拍摄的蓝天比只使用蓝色渐变镜拍摄的蓝天要更加真实，因为使用偏振镜拍摄，既能压暗天空，又不会影响其余景物的色彩还原。

用偏振镜抑制非金属表面的反光

使用偏振镜拍摄的另一个好处就是可以抑制被摄体表面的反光。在拍摄水面、玻璃表面时，经常会遇到反光的情况，使用偏振镜则可以削弱水面、玻璃及其他非金属物体表面的反光。

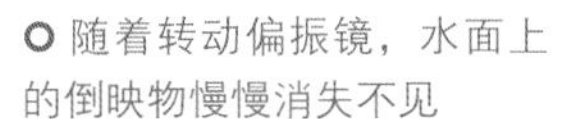

随着转动偏振镜，水面上的倒映物慢慢消失不见

中灰镜

认识中灰镜

中灰镜又被称为 ND（Neutral Density）镜，是一种不带任何色彩成分的灰色滤镜。当将其安装在镜头前面时，可以减少镜头的进光量，从而降低快门速度。

安装了多片中灰镜的相机

中灰镜分为不同的级数，如 ND6（也称为 ND0.6）、ND8（0.9）、ND16（1.2）、ND32（1.5）、ND64（1.8）、ND128（2.1）、ND256（2.4）、ND512（2.7）、ND1000（3.0）。

不同级数对应不同的阻光挡位。例如，ND6（0.6）可降低 2 挡曝光，ND8（0.9）可降低 3 挡曝光。其他级数对应的曝光降低挡位分别为 ND16（1.2）4 挡、ND32（1.5）5 挡、ND64（1.8）6 挡、ND128（2.1）7 挡、ND256（2.4）8 挡、ND512（2.7）9 挡、ND1000（3.0）10 挡。

常见的中灰镜是ND8（0.9）、ND64（1.8）、ND1000（3.0），分别对应降低3挡、6挡、10挡曝光。

通过使用中灰镜降低快门速度，拍摄出水流连成丝线状的效果

下面用一个小实例来说明中灰镜的具体作用。

我们都知道，使用较低的快门速度可以拍出如丝般的溪流、飞逝的流云效果，但在实际拍摄时，经常遇到的一个难题就是，由于天气晴朗、光线充足等原因，导致即使用了最小的光圈、最低的感光度，也仍然无法达到较低的快门速度，更不要说使用更低的快门速度拍出水流如丝般的梦幻效果。

此时就可以使用中灰镜来减少进光量。例如，在晴朗的天气条件下使用 F16 的光圈拍摄瀑布时，得到的快门速度为 1/16s，但使用这样的快门速度拍摄无法使水流产生很好的虚化效果。此时，可以安装 ND4 型号的中灰镜，或者安装两块 ND2 型号的中灰镜，使镜头的进光量减少，从而降低快门速度至 1/4s，即可得到预期的效果。在购买 ND 镜时要关注 3 个要点，第一是形状，第二是尺寸，第三是材质。

中灰镜的形状

中灰镜有方形与圆形两种。

圆镜属于便携类型，而方镜则更专业。因为方镜在偏色、锐度及成像的处理上远比圆镜要好。使用方镜可以避免在同时使用多块滤镜的时候出现暗角，圆镜在叠加的时候容易出现暗角。

此外，一套方镜可以通用于口径在82mm以下的所有镜头，而不同口径的镜头需要不同的圆镜。虽然使用方镜时还需要购买支架，单块的方镜价格也比较高，但如果需要的镜头比较多，算起来还是方镜更经济实惠。

圆形中灰镜

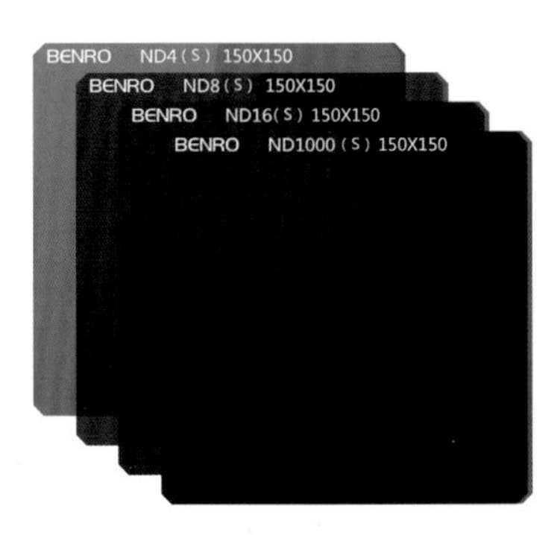

方形中灰镜

中灰镜的尺寸

方形中灰镜的尺寸通常为100mm×100mm，但如果镜头的口径大于82mm，例如，佳能11-24mm、尼康14-24mm这类“灯泡镜头”，对应的中灰镜的尺寸也要大一些，应该使用150mm×150mm甚至更大尺寸的中灰镜。另外，不同尺寸的中灰镜对应的支架型号也不一样，在购买时也要特别注意。

	70mm方镜系统	100mm方镜系统	150mm方镜系统
方镜系统			
使用镜头	镜头口径≤58mm	镜头口径≤82mm	镜头口径≤82mm/超广角
支架型号	HS-M1方镜支架系统	HS-V3方镜支架系统 HS-V2方镜支架系统	佳能14mm/F2.8L定焦专用 佳能TS-E17mm移轴专用 尼康14-24mm超广角使用 腾龙15-30mm超广角专用 蔡司T*15mm超广角专用 哈苏95mm口径馒头专用

中灰镜的材质

现在能够买到的中灰镜有玻璃与树脂两种材质。

玻璃材质的中灰镜在使用寿命上远远高于树脂材质的中灰镜。树脂其实就是一种塑料，通过化学浸泡置换出不同减光效果的挡位，这种材质长时间在户外风吹日晒的环境下，很快就会偏色，如果照片出现严重的偏色，后期也很难校正回来。

玻璃材质的中灰镜使用的是镀膜技术，质量过关的玻璃材质的中灰镜使用几年也不会变色，当然价格也比树脂型中灰镜高。

产品名称	双面光学纳镀膜	树脂渐变方片	玻璃夹膜胶合	ND玻璃胶合	单面光学镀膜GND
渐变工艺	双面精密抛光 双面光学镀膜	染色	两片透明玻璃胶合染色树脂方片双面抛光	胶合后抛光	抛光后单面镀膜
材质	H-K9L光学玻璃	CR39树脂	玻璃+CR39树脂	中灰玻璃+透明玻璃	单片式透明玻璃B270
偏色	可忽略	需实测	需实测	可忽略	可忽略
清晰	是	否	—	—	—
双面减反膜	有	无	无	无	无
双面防水膜	有	无	无	无	无
防静电吸尘	强	弱	中等	中等	中等
抗刮伤	强	弱	中等	中等	中等
抗有机溶剂	强	弱	强	强	强
老化和褪色	无	有	可能有	无	无
耐高温	强	弱	中等	中等	强
LOGO掉漆	NO/激光蚀刻	YES/丝印	YES/丝印	YES/丝印	YES/丝印
抗摔性	一般	强	一般	一般	一般

中灰镜的基本使用步骤

在添加中灰镜后，根据减光级数不同，画面亮度会出现一定的变化。此时再进行对焦及曝光参数的调整则会出现诸多问题，所以只有按照一定的步骤进行操作，才能让拍摄顺利进行。

中灰镜的基本使用步骤如下。

1.使用自动对焦模式进行对焦，在准确合焦后，将对焦模式设为手动对焦。

2.建议使用光圈优先曝光模式，将ISO设置为100，通过调整光圈来控制景深，并拍摄亮度正常的画面。

3.将此时的曝光参数（光圈、快门和感光度）记录下来。

4.将曝光模式设置为M挡，并输入已经记录的在不加中灰镜时可以得到正常画面亮度的曝光参数。

5.安装中灰镜。

6.计算安装中灰镜后的快门速度并进行设置。快门速度设置完毕后，即可按下快门进行拍摄。

计算安装中灰镜后的快门速度

在安装中灰镜时，需要对安装它之后的快门速度进行计算，下面介绍计算方法。

1.自行计算安装中灰镜后的快门速度。

不同型号的中灰镜可以降低不同挡数的光线。如果降低*N*挡光线，那么曝光量就会减少为$1/2^n$。所以，为了让照片在安装中灰镜之后与安装中灰镜之前能获得相同的曝光，则安装中灰镜之后，其快门速度应延长为未安装时的2^n。

例如，在安装减光镜之前，使画面亮度正常的曝光时间为1/125s，那么在安装ND64（减光6挡）之后，其他曝光参数不动，将快门速度延长为$1/125 \times 2^6 \approx 1/2$s即可。

2.通过后期App计算安装中灰镜后的快门速度。

无论是在苹果手机的App Store中，还是在安卓手机的各大应用市场中，均能搜到多款计算安装中灰镜后所用快门速度的App，此处以Long Exposure Calculator为例介绍计算方法。

① 打开Long Exposure Calculator App。

② 在第一栏中选择所用的中灰镜。

③ 在第二栏中选择未安装中灰镜时，让画面亮度正常所用的快门速度。

④ 在最后一栏中则会显示不改变光圈和快门速度的情况下，加装中灰镜后，能让画面亮度正常的快门速度。

Long Exposure Calculator App

快门速度计算界面

中灰渐变镜

认识渐变镜

在慢门摄影中，当在日出、日落等明暗反差较大的环境下，拍摄慢速水流效果的画面时，如果不安装中灰渐变镜，直接对地面景物进行长时间曝光，按地面景物的亮度进行测光并进行曝光，天空就会失去所有细节。

要解决这个问题，最好的选择就是用中灰渐变镜来平衡天空与地面的亮度。

渐变镜又人们被称为GND（Gradient Neutral Density）镜，是一种一半透光、一半阻光的滤镜，在色彩上也有很多选择，如蓝色和茶色等。在所有的渐变镜中，最常用的是中性灰色的渐变镜。

拍摄时，将中灰渐变镜上较暗的一侧安排在画面中天空的部分。由于深色端有较强的阻光效果，因此可以减少进入相机的光线，从而保证在相同的曝光时间内，画面上较亮的区域进光量少，与较暗的区域在总体曝光量上趋于相同，使天空层次更丰富，而地面的景观也不至于黑成一团。

1.3s 的长时间曝光使海岸礁石拥有丰富的细节，中灰渐变镜则保证天空不会过曝，并且得到了海面雾化的效果

中灰渐变镜的形状

中灰渐变镜有圆形与方形两种。圆形中灰渐变镜是直接安装在镜头上的，使用起来比较方便，但由于渐变是不可调节的，因此只能拍摄天空约占画面50%的照片。与使用方形中灰镜一样，使用方形中灰渐变镜时，也需要买一个支架装在镜头前面，只有这样才可以把滤镜装上。其优点是可以根据构图的需要调整渐变的位置，而且可以根据需要叠加使用多个中灰渐变镜。

不同形状的中灰渐变镜

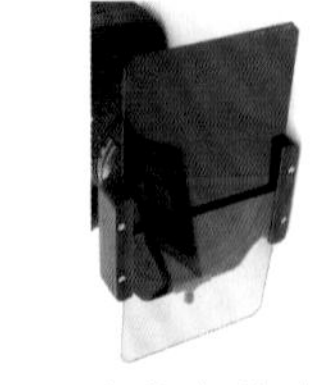

安装多片中灰渐变镜的效果

中灰渐变镜的挡位

中灰渐变镜分为GND0.3、GND0.6、GND0.9、GND1.2等不同的挡位，分别代表深色端和透明端的挡位相差1挡、2挡、3挡及4挡。

方形中灰渐变镜的安装方式

在托架上安装方形中灰渐变镜后的相机

硬渐变与软渐变

根据中灰渐变镜的渐变类型，可以分为软渐变（GND）与硬渐变（H-GND）两种。

软渐变镜40%为全透明，中间35%为渐变过渡，顶部的25%区域颜色最深，当拍摄的场景中天空与地面过渡部分不规则，比如有山脉或建筑、树木时使用。

硬渐变的镜片，一半透明，一半为中灰色，两者之间有少许过渡区域，常用于拍摄海平面、地平面与天空分界线等非常明显的场景。

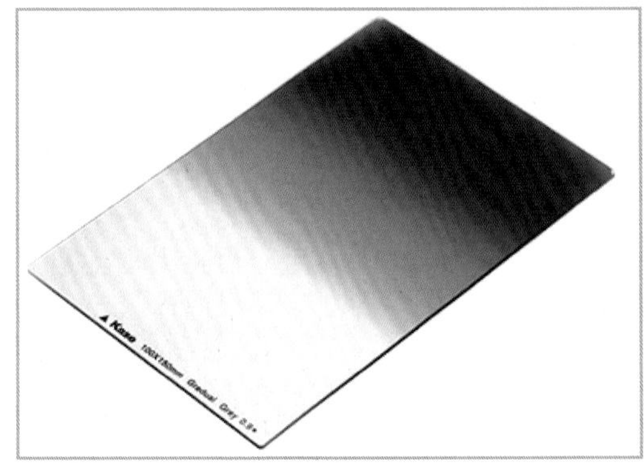

软中灰渐变镜

如何选择中灰渐变镜挡位

在使用中灰渐变镜拍摄时，先分别对画面亮处（即需要使用中灰渐变镜深色端覆盖的区域）和要保留细节处测光（即渐变镜透明端覆盖的区域），计算出这两个区域曝光相差的等级，如果两者相差1挡，那么就选择0.3的镜片；如果两者相差2挡，那么就选择0.6的镜片，以此类推。

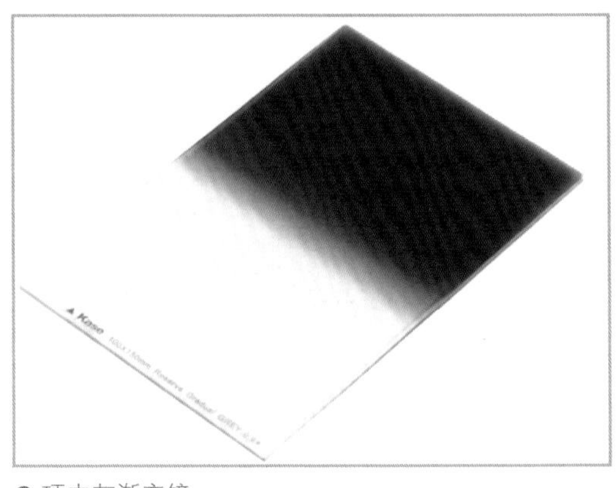

硬中灰渐变镜

反向渐变镜

虽然标准的中灰渐变镜非常好用，但并不代表适用于所有的情况。

例如，在拍摄太阳角度较低的日出、日落时，画面中前景会很暗，但靠近太阳的地平线处却非常亮。标准渐变镜只能压暗天空或前景的亮度，不适用于这样的场景。而反向渐变镜与标准的中灰渐变镜不同，反向渐变镜是一种特殊的硬边灰渐变镜，其颜色最深的部分在镜片的中央，越向上颜色越淡。

所以，在镜头前安装反向渐变镜进行拍摄，可得到从中间位置开始向画面上方减光效果逐步减弱的效果。完成拍摄后，太阳所处位置由于减光幅度最大，因此有较好的细节，同时画面的上方也能够表现出理想的细节。

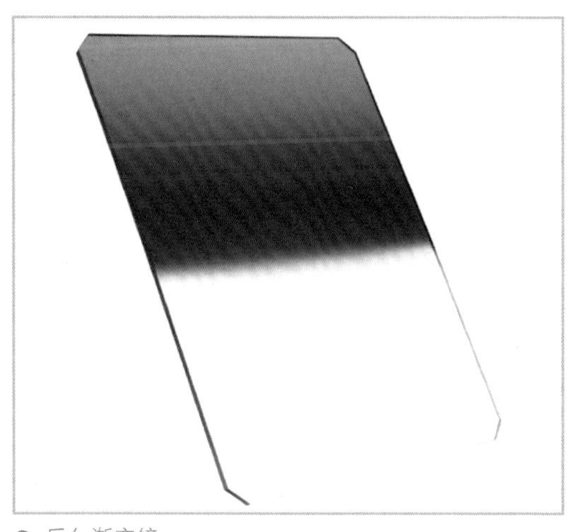

反向渐变镜

太阳是整个环境中最亮的部分，为了不损失过多的细节，在镜头前安装了反向渐变镜，压暗位于画面中间位置的太阳部分，得到整体细节都较丰富的画面

如何搭配选购中灰渐变镜

如果购买一片，建议选 GND0.6 或 GND0.9。

如果购买两片，建议选 GND0.6 与 GND0.9 两片组合，可以通过组合使用覆盖 2~5 挡曝光。

如果购买三片，可选择软 GND0.6+ 软 GND0.9+ 硬 GND0.9。

如果购买四片，建议选择 GND0.6+ 软 GND0.9+ 硬 GND0.9+GND0.9 反向渐变，硬边渐变镜用于海边拍摄，反向渐变镜用于日出日落拍摄。

用三脚架与独脚架保持拍摄的稳定性

脚架类型及各自的特点

在拍摄微距、长时间曝光题材或使用长焦镜头拍摄动物时，脚架是必备的摄影配件之一，使用它可以让相机变得更稳定，即使在长时间曝光的情况下，也能够拍摄到清晰的照片。

对比项目		说　明
铝合金	碳素纤维	铝合金脚架的较便宜，但较重，不便携带 碳素纤维脚架的档次要比铝合金脚架高，便携性、抗震性、稳定性都很好，但是价格很高
三脚	独脚	三脚架稳定性好，在配合快门线、遥控器的情况下，可实现完全脱机拍摄 独脚架的稳定性要弱于三脚架，在使用时需要摄影师来控制独脚架的稳定性。但由于其体积和重量只有三脚架的1/3，因此携带十分方便
三节	四节	三节脚管的三脚架稳定性高，但略显笨重，携带稍微不便 四节脚管的三脚架能收纳得更短，因此携带更为方便。但是在脚管全部打开时，由于尾端的脚管比较细，稳定性不如三节脚管的三脚架好
三维云台	球形云台	三维云台的承重能力强、构图十分精准，缺点是占用的空间较大，在携带时稍显不便 球形云台体积较小，只要旋转按钮，就可以让相机迅速转到所需要的角度，操作起来十分便利

分散脚架的承重

在海滩、沙漠、雪地拍摄时，由于沙子或雪比较柔软，三脚架的支架会不断地陷入其中，即使是质量很好的三脚架，也很难保持拍摄的稳定性。

尽管陷进足够深的地方也能有一定的稳定性，但是沙子、雪会覆盖整个支架，容易造成脚架的关节处损坏。

在这样的情况下，就需要一些物体来分散三脚架的重量，一些厂家生产了“雪靴”，安装在三脚架上可以防止脚架陷入雪或沙子中。如果没有“雪靴”，也可以自制三脚架的“靴子”，比如平坦的石块、旧碗碟或屋顶的砖瓦都可以。

扁平状的“雪靴”可以防止脚架陷入沙地或雪地

用快门线与遥控器控制拍摄

快门线的使用方法

在拍摄长时间曝光的题材时，如夜景、慢速流水、车流，如果希望获得极为清晰的照片，只有三脚架支撑相机是不够的，因为直接用手去按快门按钮拍摄，还是会造成画面模糊。这时，快门线便派上用场了。使用快门线就是为了尽量避免直接按下机身快门按钮时可能产生的震动，以保证拍摄时相机保持稳定，从而获得更清晰的画面。

RS-60E3 快门线

将快门线与相机连接后，可以半按快门线上的快门按钮进行对焦，完全按下快门进行拍摄。但由于不用触碰机身，因此在拍摄时可以避免相机的抖动。佳能入门级及中端机型可以使用 RS-60E3 型号的快门线，7D Mark Ⅱ 及全画幅相机可以使用 RS-80N3 型号的快门线。

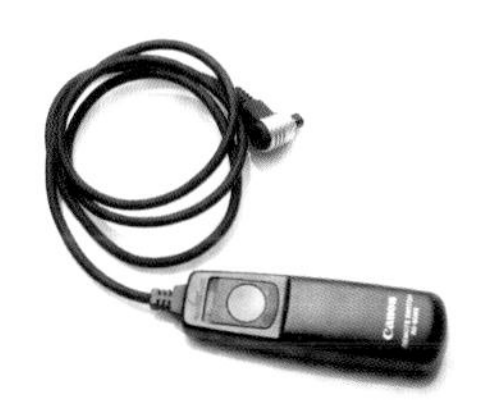

RS-80N3 快门线

使用定时自拍避免机震

使用手机拍摄时，通过看液晶显示屏中显示的画面，便可以很方便地进行自拍。那么，使用单反相机能不能自拍呢？当然也是可以的。

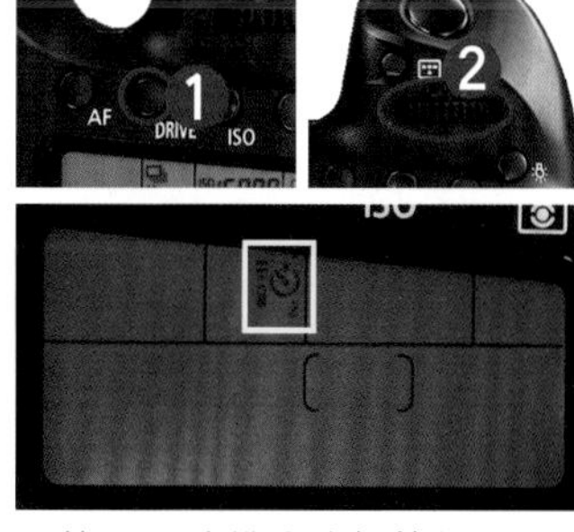

按下驱动模式选择按钮 DRIVE，转动主拨盘选择 2 秒自拍 / 遥控 2 或 10 秒自拍 / 遥控驱动模式

佳能相机都提供了 2s 和 10s 自拍驱动模式，在这两种模式下，当摄影师按下快门按钮后，自拍定时指示灯会闪烁并且发出提示音，然后相机分别于 2s 或 10s 后自动拍摄。由于在 2s 自拍模式下，快门会在摄影师按下快门 2s 后，才开始释放并曝光，因此可以将由于手部动作造成的震动降至最低，从而得到清晰的照片。

自拍模式适用于自拍或合影，摄影师可以预先取好景，并设定好对焦，然后按下快门按钮，在 10s 内跑到自拍处或合影处，摆好姿势等待拍摄便可。

定时自拍还可以在没有三脚架或快门线的情况下，用于拍摄长时间曝光的题材，如星空、夜景、雾化的水流和车流等题材。

当在没有三脚架的情况下想拍雾化的水流照片时，可以将相机的驱动模式设置为 2 秒自拍模式，然后将相机放置在稳定的地方进行拍摄，也是可以获得清晰画面的

遥控器的作用

在自拍或拍集体照时，如果不想在自拍模式下跑来跑去进行拍摄，便可以使用遥控器拍摄。

佳能 RC-6 遥控器

如何进行遥控拍摄

使用遥控器可以在距离相机最远约5m的地方进行遥控拍摄，也可进行延时拍摄。遥控拍摄的流程如下。

❶ 将电源开关置于 ON 位置。

❷ 半按快门对被摄对象进行预先对焦。

❸ 将镜头的对焦模式开关置于 MF 位置，采用手动对焦；也可以将对焦模式开关调到 AF 位置，采用自动对焦。

❹ 按下 DRIVE 按钮选择自拍模式，转动主转盘选择 10 秒自拍 / 遥控或 2 秒自拍 / 遥控。

❺ 将遥控器朝向相机的遥控感应器并按下传输按钮，自拍指示灯点亮并拍摄照片。

除了使用遥控器拍摄，当使用具有无线功能的相机时，如760D、80D、6D、5D Mark Ⅳ等相机，可以通过 Wi-Fi 功能将相机与智能手机连接起来，然后打开手机上的 EOS Remote 软件（需提前下载安装），点击“遥控拍摄”选项，便可以在手机屏幕上实时显示画面，此拍摄方法更为方便。

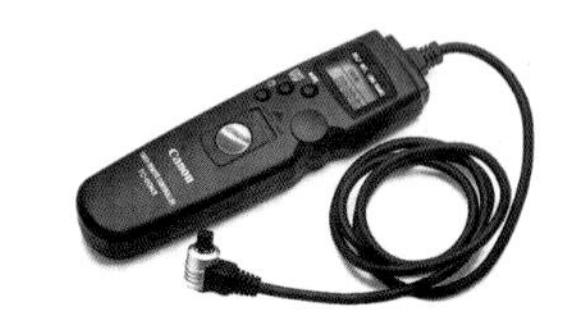

佳能 TC-80N3 定时遥控器

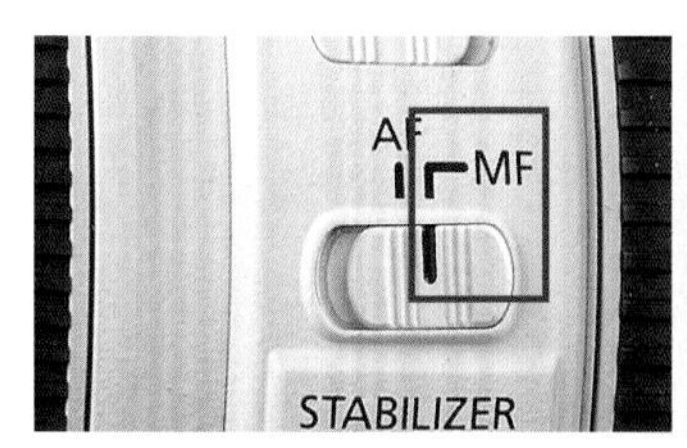

将镜头上的对焦模式开关调到 MF 位置，即可切换至手动对焦模式

用遥控器拍摄，可以很方便地和朋友合影

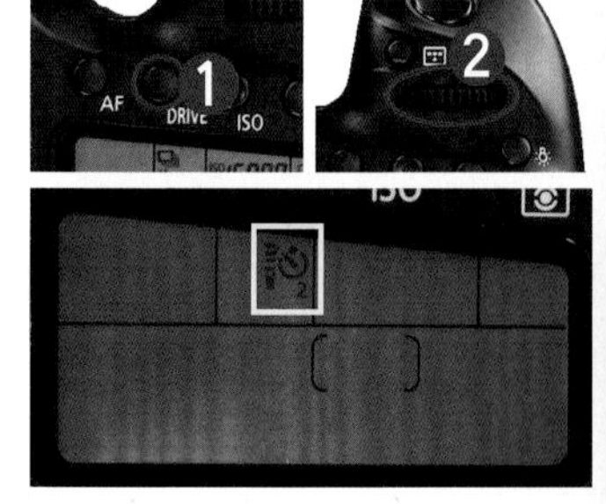

按下 DRIVE 按钮，转动主拨盘或速控转盘选择 10 秒自拍 / 遥控或 2 秒自拍 / 遥控

第 6 章

拍视频要理解的术语及必备附件

理解分辨率、制式、帧频、码率的含义

理解视频分辨率并进行合理设置

视频分辨率指每一个画面中所显示的像素数量，通常以水平像素数量与垂直像素数量的乘积或垂直像素数量表示。视频分辨率数值越大，画面就越精细，画质就越好。

佳能的每一代旗舰机型在视频功能上均有所增强，以佳能R5为例，其在视频方面的一大亮点就是支持8K视频录制。在8K视频录制模式下，用户可以录制最高帧频为30P、文件无压缩的超高清视频。相比于中低端机型，比如佳能60D，则可以录制画质更细腻的视频画面。

需要额外注意的是，若要享受高分辨率带来的精细画质，除了需要设置相机录制高分辨率的视频，还需要观看视频的设备是否具有该分辨率画面的播放能力。

比如，使用佳能5D4录制了一段4K（分辨率为4096×2160）视频，但观看这段视频的电视、平板或手机只支持全高清（分辨率为1920×1080）播放，那么呈现出来的视频画质就只能达到全高清，而到不了4K的水平。

因此，建议各位在拍摄视频之前先确定输出端的分辨率上限，然后再确定相机视频的分辨率设置，从而避免因为过大的文件对存储和后期等操作造成没必要的负担。

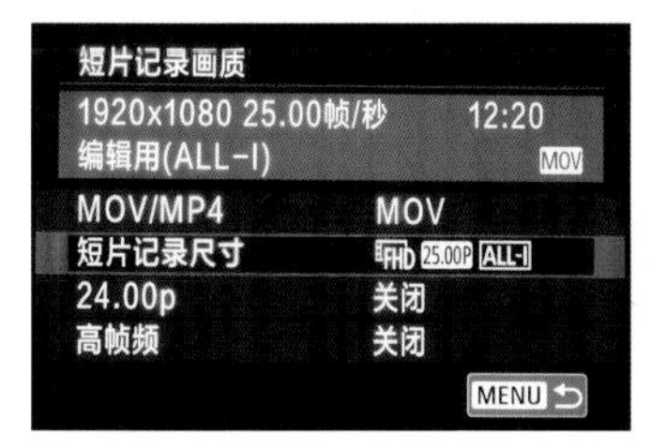

❶ 在**短片记录画质**菜单中选择**短片记录尺寸**选项

❷ 选择带4K图标的选项，然后点击SET OK图标确定

设定视频制式

不同国家、地区的电视台所播放视频的帧频是有统一规定的，称为电视制式。全球分为两种电视制式，分别为北美、日本、韩国、墨西哥等国家使用的NTSC制式和中国、欧洲各国、俄罗斯、澳大利亚等国家使用的PAL制式。

选择不同的视频制式后，可选择的帧频会有所变化。比如在佳能5D4中，选择NTSC制式后，可选择的帧频为119.9P、59.94P和29.97P；选择PAL制式后，可选择的帧频为100P、50P、25P。

需要注意的是，只有当所拍视频需要在电视台播放时，才会对视频制式有严格要求。如果只是自己拍摄上传至视频平台，选择任意视频制式均可正常播放。

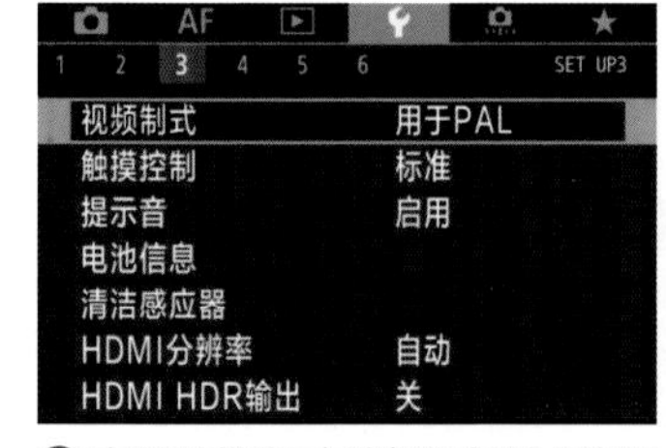

❶ 在**设置菜单3**中选择**视频制式**选项

❷ 选择所需的选项

理解帧频并进行合理的设置

无论选择哪种视频制式，均有多种帧频供选择。帧频是指一个视频里每秒展示出来的画面数（fps），在佳能相机中以单位 P 表示。例如，一般电影以每秒 24 张画面的速度播放，也就是一秒钟内在屏幕上连续显示出 24 张静止画面，其帧频为 24P。由于视觉暂留效应，观众看到的电影中的人像看上去是动态的。

很显然，每秒显示的画面数多，视觉动态效果就流畅；反之，如果画面数少，观看时就有卡顿的感觉。因此，在录制景物高速运动的视频时，建议设置为较高的帧频，从而尽量让每一个动作都更清晰、流畅；而在录制访谈、会议等视频时，则使用较低的帧频录制即可。

当然，如果录制条件允许，建议以高帧数录制，这样可以在后期处理时拥有更多处理可能性，比如得到慢镜头效果。比如，在 4K 分辨率的情况下，EOS R5 依然支持 120fps 视频拍摄，可以同时实现高画质与高帧频。

❶ 在**短片记录画质**菜单中选择**高帧频**选项

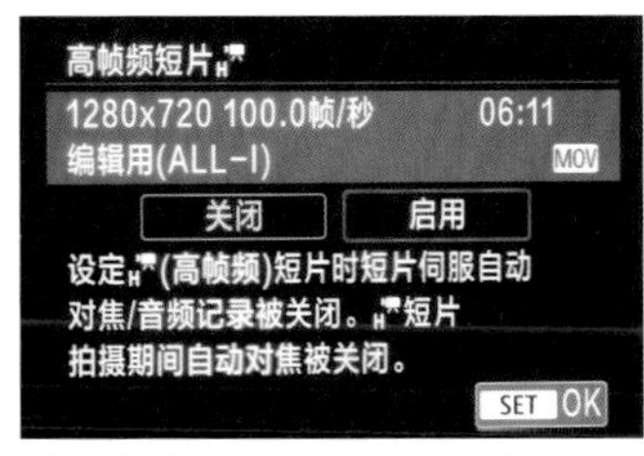

❷ 选择**启用**选项，然后点击SET OK图标确定

理解码率的含义

码率又称比特率，指每秒传送的比特（bit）数，单位为 bps（Bit Per Second）。码率越高，每秒传送的数据就越多，画质就越清晰，但相应的，对存储卡的写入速度要求也更高。

在佳能相机中，虽然无法直接设置码率，但却可以对压缩方式进行选择。MJPG、ALL-I、IPB和IPB这4种压缩方式的压缩率逐渐提高，而压制出的视频码率则依次降低。

其中，可以得到最高码率的MJPG压缩模式，根据不同的机型，其码率也有差异。比如，在选择MJPG压缩模式后，佳能EOS R可以得到码率为480Mbps的视频，而5D4得到的码率则为500Mbps。

值得一提的是，如果要录制码率超过400Mbps的视频，需要使用UHS-II存储卡，也就是写入速度最少应该达到100MB/s，否则无法正常拍摄。而且由于码率过高，视频尺寸也会变大。以EOS R为例，录制一段码率为480Mbps、时长为8分钟的视频，需要占用32GB的存储空间。

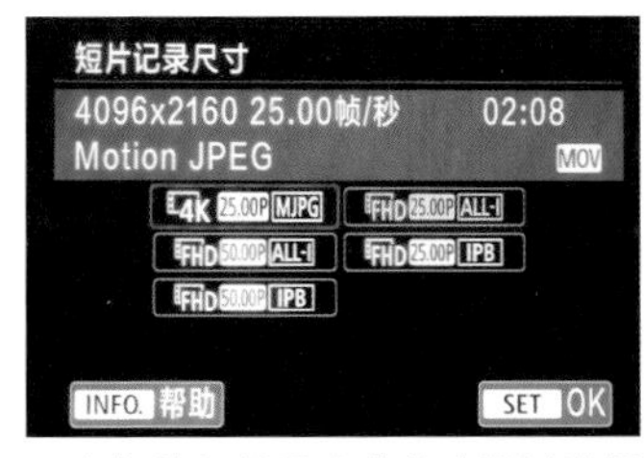

○ 在**短片记录尺寸**菜单中可以选择不同的压缩方式，以此控制码率

理解色深并明白其意义

色深作为一个色彩的专有名词，在拍摄照片、录制视频，以及买显示器的时候都会接触到，比如8bit、10bit、12bit等。这个参数其实表示记录或显示的照片或视频的颜色数量。如何理解这个参数？理解这个参数又有何意义？下文将进行详细讲解。

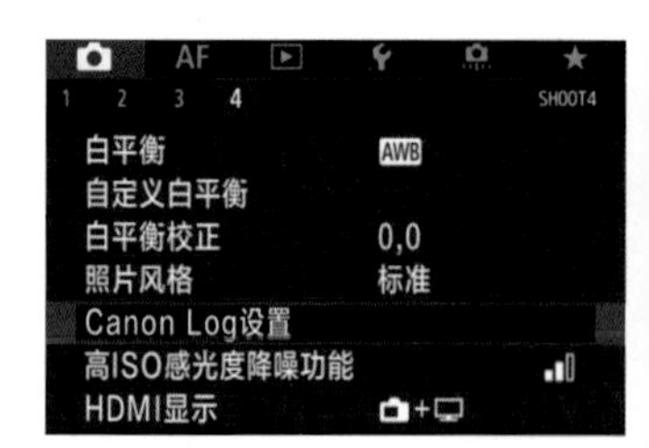

❶ 在**拍摄菜单4**中选择**Canon Log设置**选项

❷ 选择所需选项，然后点击SET OK图标确定

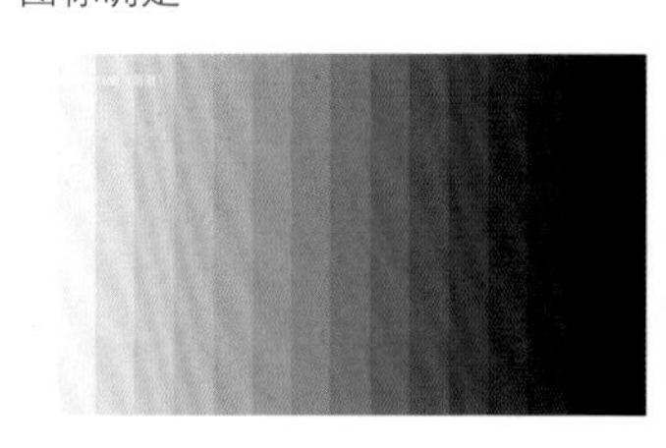

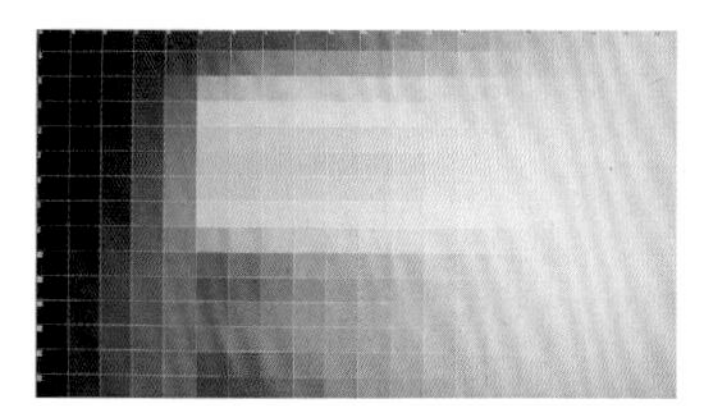

理解色深的含义

1.理解色深要先理解RGB

在理解色深之前，先要理解RGB。RGB即三原色，分别为红（R）、绿（G）、蓝（B）。我们现在从显示器或电视上看到的任何一种色彩，都是通过红、绿、蓝这3种色彩进行混合而得到的。

但在混合过程中，当红、绿、蓝这3种色彩的深浅不同时，得到的色彩肯定也是不同的。

比如，面前有一个调色盘，里面先放上绿色的颜料，当分别混合深一点的红色和浅一点的红色时，得到的色彩肯定不同的。那么，当手中有10种不同深浅的红色和一种绿色时，就能调配出10种色彩。所以颜色的深浅就与呈现的色彩数量产生了关系。

2.理解灰阶

上文所说的色彩的深浅，用专业的说法，其实就是灰阶。不同的灰阶是以亮度作为区分的，比如右上图所示的就是16个灰阶。

而当颜色也具有不同的亮度时，也就是具有不同灰阶的时候，表现出来的其实就是深浅不同的色彩，如右下图所示。

3.理解色深

做好了铺垫，色深就比较好理解了。首先色深的单位是bit，1bit代表具有2个灰阶，也就是一种颜色具有2种不同的深浅；2bit代表具有4个灰阶，也就是一种颜色具有4种不同的深浅色；3bit代表8种……

所以N bit就代表一种颜色包含2^n种不同深浅的颜色。

那么所谓的色深为8bit，就可以理解为，有2^8，也就是256种深浅不同的红色、256种深浅不同的绿色和256种深浅不同的蓝色。

这些颜色一共能混合出256×256×256=16777216种色彩。

因此，以佳能5D4为例，其拍摄的视频色彩深度为8bit，就是指可以记录16777216种色彩的意思。所以说色深是表示色彩数量的一个概念。

	R	G	B	色彩数量
8bit	256	256	256	1677 万
10bit	1024	1024	1024	10.7 亿
12bit	4096	4096	4096	680 亿

理解色深的意义

1.在后期处理中设置高色深值

即便视频或图片最后需要保存为低色深文件，但既然高色深代表着数量更多、更细腻的色彩，那么在后期时，为了对画面色彩进行更精细的调整，建议将色深设置为较高的值，然后在最终保存时再降低色深。

这种操作方法的优势有两点，一是可以最大化利用佳能相机录制丰富的色彩细节；二是在后期对色彩进行处理时，可以得到更细腻的色彩过渡。

建议各位在后期处理时将色彩空间设置为ProPhoto RGB，将色彩深度设置为16位/通道。然后在导出时保存为色深8位/通道的图片或视频，以尽可能得到更高画质的图像或视频。

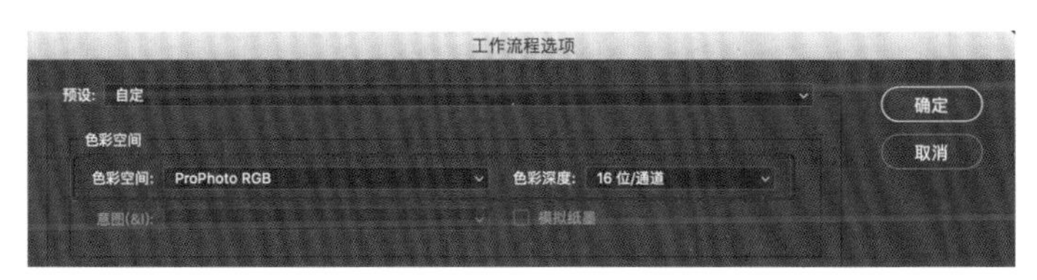

在后期处理软件中设置较高的色深（色彩深度）值和色彩空间

2.有目的地搭建视频录制与显示平台

理解色深主要是让我们知道从图像采集到解码再到显示，只有均达到同一色深标准才能够真正体会到高色深带来的细腻色彩。

目前，大部分佳能相机均支持 8bit 色深采集，但个别机型，比如 EOS R5，已经支持机内录制 10bit 色深视频；而 EOS R 在搭配录机的情况下，则可以达到 10bit 色深录制。

以使用 EOS R 为例，在购买录机实现 10bit 色深录制后，为了能够完成更高色深视频的后期处理及显示，就需要提高用来解码的显卡性能，并搭配色深达到 10bit 的显示器，来显示出所有 EOS R 记录下的色彩。

当从录制到处理再到输出的整个环节均符合 10bit 色深标准后，人们才能真正享受到色深提升的好处。

想体会到高色深的优势，就要搭建符合高色深要求的录制、处理和显示平台

理解色度采样

相信各位一定在视频录制参数中看到过“采样422”“采样420”等描述，那么这里的“采样422”和“采样420”到底是什么意思呢?

1.认识YUV格式

事实上，无论是420还是422，均为色度采样的简写，其正常写法应该是YUV4：2：0和YUV4：2：2。YUV格式，也被称为YCbCr，是为了替代RGB格式而存在的，其目的在于兼容黑白电视和彩色电视。因为Y表示亮度，U和V表示色差。这样当黑白电视使用该信号时，则只读取Y数值，也就是亮度数值；而当彩色电视接收到YUV信号时，则可以将其转换为RGB信号，再显示颜色。

2.理解色度采样数值

接下来介绍YUV格式中3个数字的含义。

通俗地讲，第一个数字4，即代表亮度采样的像素数量；第二个数字代表了第一行进行色度采样的像素数量；第三个数字代表了第二行进行色度采样的像素数量。

这样算下来，在同一个画面中，422的采样就比444的采样少了50%的色度信息，而420与422相比，又少了50%的色度信息。那么，有些摄友可能会问：“为何不能让所有视频均录制4：4：4色度采样呢?”

主要是因为人们经过研究发现，人眼对明暗比对色彩更敏感，所以在保证色彩正常显示的前提下，不需要每一个像素均进行色度采样，从而降低信息存储的压力。

因此在通常情况下，用420拍摄也能获得不错的画面，但是在二级调色和抠像的时候，因为许多像素没有自己的色度值，所以后期处理的空间也就相对较小了。

通过降低色度采样来减少存储压力，或者降低发送视频信号带宽，对于降低视频输出的成本是有利的，但较少的色彩信息对于视频后期处理来说是不利的。因此在选择视频录制设备时，应尽量选择色度采样数值较高的设备。比如，佳能R5的色度采样为YUV4：2：2，而EOS R则为4：2：0，但EOS R可以通过监视器将色度采样提升为4：2：2。

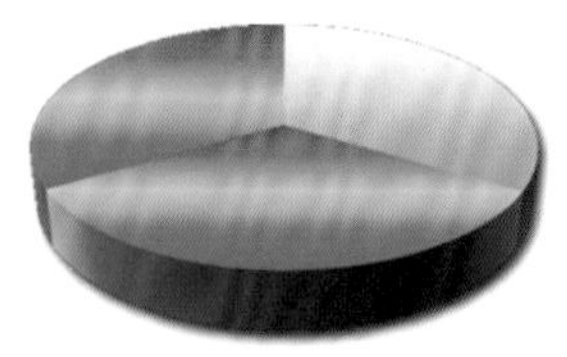

○ TUV4：4：4色度采样示例图

○ 左图为4：2：2色度采样效果，右图为4：2：0色度采样效果。在色彩显示上，能看出些许差异

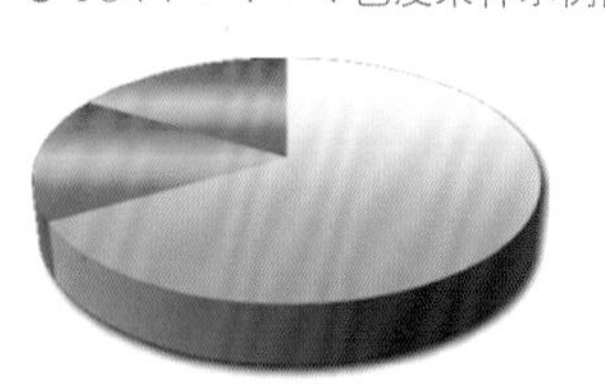

○ TUV4：2：2色度采样示例图

通过Canon Log保留更多画面细节

当在明暗反差比较大的环境中录制视频时，很难同时保证画面中最亮的和最暗的区域都有细节。这时就可以使用Canon Log模式进行录制，从而获取更广的动态范围，最大限度地保留这些细节。

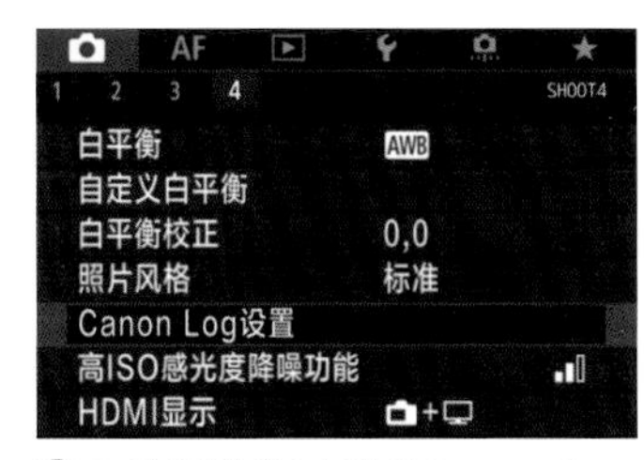

❶ 在**拍摄菜单4**中选择**Canon Log设置**选项

认识 Canon Log

Canon Log通常被简写为Clog，是一种对数伽马曲线。这种曲线可发挥图像感应器的特性，从而保留更多的高光和阴影细节。但使用Canon Log模式拍摄的视频不能直接使用，因为此时画面的色彩饱和度和对比度都很低，整体效果发灰，所以需要通过后期处理来恢复视频画面的正常色彩。

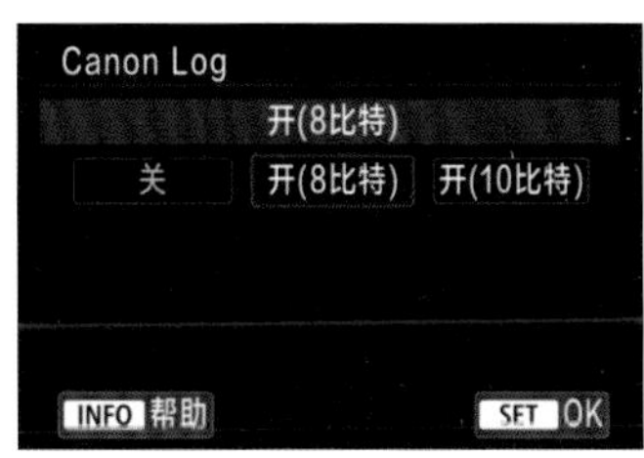

❷ 选择所需选项，然后点击SET OK图标确定

认识 LUT

LUT是Lookup Table（颜色查找表）的缩写，简单理解就是通过LUT，可以将一组RGB值输出为另一组RGB值，从而改变画面的曝光与色彩。

对于使用Canon Log模式拍摄的视频，由于其色彩不正常，所以需要通过后期处理来调整。通常的方法就是套用LUT，来实现各种不同的色调。套用LUT也被称为一级调色，主要目的是统一各个视频片段的曝光和色彩，在此基础上可以根据视频的内容及需要营造的氛围进行个性化的二级调色。

○ 左侧为套用 LUT 前的画面

Canon Log 的查看帮助功能

虽然套用LUT可以还原画面色彩，但仅限于在视频后期处理阶段。当录制视频时，摄影师在显示屏中看到的仍然是色调偏灰的非正常色彩。

如果希望看到正常的色彩，可以在使用Canon Log模式拍摄时开启查看帮助功能。该功能可以让佳能相机显示还原色彩后的画面，但相机依然是以Canon Log模式记录视频的，所以依然保留了更多的高光及阴影部分的细节。

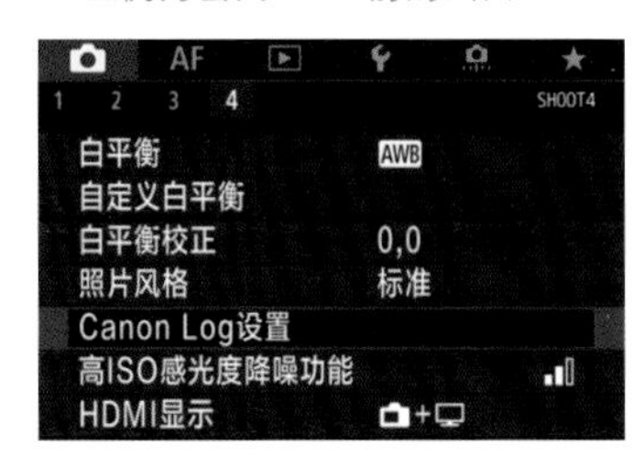

❶ 在**拍摄菜单4**中选择**Canon Log设置**选项

❷ 选择**开**或**关**选项

视频拍摄稳定设备

手持式稳定器

在手持相机的情况下拍摄视频，往往会产生明显的抖动。这时就需要使用可以让画面更稳定的器材，比如手持稳定器。

这种稳定器的操作无须练习，只需选择相应的模式，就可以拍出比较稳定的画面，而且体积小、重量轻，非常适合业余视频爱好者使用。

在拍摄过程中，稳定器会不断自动进行调整，从而抵消掉手抖或在移动时造成的相机震动。

由于此类稳定器是电动的，所以在搭配上手机 App 后，可以实现一键拍摄全景、延时、慢门轨迹等特殊功能。

手持式稳定器

小斯坦尼康

斯坦尼康（Steadicam），即摄像机稳定器，由美国人Garrett Brown发明，自20世纪70年代开始逐渐为业内人士普遍使用。

这种稳定器属于专业摄像的稳定设备，主要用于手持移动录制。虽然同样可以手持，但它的体积和重量都比较大，适用于专业摄像机使用，并且是以穿戴式手持设备的形式设计出来的，所以对普通摄影爱好者来说，斯坦尼康显然并不适用。

因此，为了在体积、重量和稳定效果之间找到一个平衡点，小斯坦尼康问世了。

人们在大斯坦尼康的基础上，对这款稳定设备的体积和重量进行了压缩，从而无须穿戴，只需手持即可使用。

由于其依然具有不错的稳定效果，所以即便是专业的视频制作工作室，在拍摄一些不是很重要的素材时依旧会使用它。

但需要强调的是，无论是斯坦尼康，还是小斯坦尼康，采用的都是纯物理减震原理，所以需要一定的练习才能实现良好的减震效果。因此只建议追求专业级摄像人员使用。

小斯坦尼康

单反肩托架

相比小巧便携的稳定器而言，单反肩托架是一个更专业的稳定设备。

肩托架并没有稳定器那么多的智能化功能，但它结构简单，没有任何电子元件，在各种环境下均可以使用，并且只要掌握一定的方法，在稳定性上也能更胜一筹。毕竟通过肩部受力，大大降低了手抖和走动过程中造成的画面抖动。

不仅仅是单反肩托架，在利用其他稳定器拍摄时，如果掌握一些拍摄技巧，同样可以增强画面的稳定性。

单反肩托架

摄像专用三脚架

与便携的摄影三脚架相比，摄像三脚架为了更好的稳定性而牺牲了便携性。

一般来讲，摄影三脚架在3个方向上各有1根脚管，也就是三脚管。而摄像三脚架在3个方向上最少各有3根脚管，也就是共有9根脚管，再加上底部的脚管连接设计，其稳定性要高于摄影三脚架。另外，脚管数量越多的摄像专用三脚架，其最大高度也更高。

对于云台，为了在摄像时能够实现在单一方向上精确、稳定地转换视角，摄像三脚架一般使用带摇杆的三维云台。

摄像专用三脚架

滑轨

相比稳定器，利用滑轨移动相机录制视频可以获得更稳定、更流畅的镜头表现。利用滑轨进行移镜、推镜等运镜时，可以呈现出电影级的效果，所以是更专业的视频录制设备。

另外，如果希望在录制延时视频时呈现一定的运镜效果，准备一个电动滑轨是十分必要的。因为电动滑轨可以实现微小的、匀速的持续移动，从而在短距离的移动过程中，拍摄下多张延时素材，这样通过后期合成，就可以得到连贯的、顺畅的、带有运镜效果的延时摄影画面。

滑轨

视频拍摄存储设备

如果您的相机本身支持4K视频录制，但却无法正常拍摄，造成这种情况的原因往往是存储卡没有达到要求。另外，本节还将介绍一种新兴的文件存储方式，使海量视频文件的存储、管理和分享更容易。

SD 存储卡

如今的中高端佳能单反相机、微单相机，大部分都支持录制4K视频。而由于在录制4K视频的过程中，每秒都需要存入大量信息，因此要求存储卡具有较高的写入速度。

通常来讲，U3速度等级的SD存储卡（存储卡上有U3标记），其写入速度基本在75MB/s以上，可以满足码率低于200Mbps的4K视频的录制。

如果要录制码率达到 400Mbps 的视频，则需要购买写入速度达到 100MB/s 以上的 UHS-Ⅱ存储卡。UHS（Ultra High Speed）是指超高速接口，而不同的速度级别以 UHS-Ⅰ、UHS-Ⅱ、UHS-Ⅲ标记，其中速度最快的 UHS-Ⅲ，其读写速度最低也能达到 150MB/s。

SD 存储卡

CF 存储卡

除了 SD 卡，佳能的部分中高端相机还支持使用 CF 卡。CF 卡的写入速度普遍比较高，但由于卡面上往往只标注读取速度，并且没有速度等级标记，所以建议各位在购买前咨询客服，确认写入速度是否高于 75MB/s。如果高于 75MB/s，即可胜任 4K 视频的拍摄。

需要注意的是，在录制 4K 30P 视频时，一张 64GB 的存储卡大概能录 15 分钟左右。所以各位也要考虑到录制时长，购买能够满足拍摄要求的存储卡。

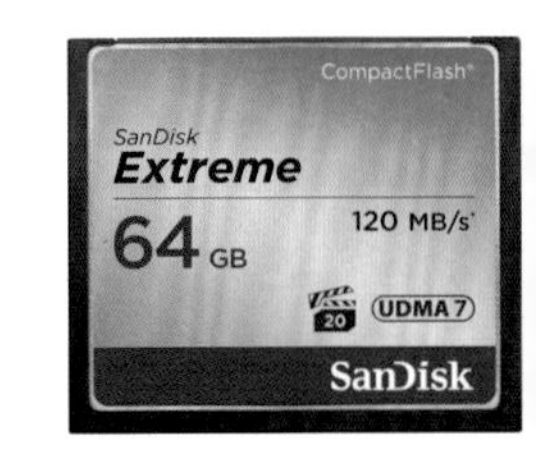

CF 存储卡

NAS 网络存储服务器

由于 4K 视频文件较大，经常进行视频录制的人员，往往需要购买多块硬盘进行存储。但这样容易导致在寻找个别视频时费时费力，在文件管理和访问方面都不方便。而 NAS 网络存储服务器则让人们可以 24 小时随时访问大尺寸的 4K 文件，并且同时支持手机端和计算机端。在建立多个账户并设定权限的情况下，还可以让多人同时使用，并且保证个人隐私，为文件的共享和访问带来了便利。

一听“服务器”，各位可能觉得离自己非常遥远，其实目前市场上已经有成熟的产品。比如，西部数据或群晖都有多种型号的 NAS 网络存储服务器供选择，并且保证可以轻松上手。

NAS

视频拍摄采音设备

在室外或不够安静的室内录制视频时，单纯地通过相机自带的麦克风和声音设置往往无法得到满意的采音效果，这时就需要使用外接麦克风来提高视频中的音质。

无线领夹麦克风

无线领夹麦克风也被称为“小蜜蜂”。其优点在于小巧便携，并且可以在不面对镜头，或者在运动过程中进行收音；但缺点是当需要对多人采音时，则需要准备多个发射端，相对来说比较麻烦。另外，在录制采访视频时，也可以将“小蜜蜂”发射端拿在手里，当作“话筒”使用。

便携的“小蜜蜂”

枪式指向性麦克风

枪式指向性麦克风通常安装在佳能相机的热靴上进行固定。因此录制一些面对镜头说话的视频，比如讲解类、采访类视频时，就可以着重采集话筒前方的语音，避免周围环境带来的噪声。同时，在使用枪式麦克风时，也不用在身上佩戴麦克风，可以让被摄者的仪表更自然美观。

枪式指向性麦克风

记得为麦克风戴上防风罩

为避免户外录制视频时出现风噪声，建议各位为麦克风戴上防风罩。防风罩主要分为毛套防风罩和海绵防风罩，其中海绵防风罩也被称为防喷罩。

一般来说，户外拍摄建议使用毛套防风罩，其效果比海绵防风罩更好。

而在室内录制时，使用海绵防风罩即可，不仅能起到去除杂音的作用，还可以防止唾液喷入麦克风，这也是海绵防风罩又被称为防喷罩的原因。

毛套防风罩

海绵防风罩

视频拍摄灯光设备

在室内录制视频时，如果利用自然光来照明，那么如果录制时间稍长，光线就会发生变化。比如，下午 2 点到 5 点，光线的强度和色温都在不断降低，导致画面出现由亮到暗、由色彩正常到色彩偏暖的变化，从而很难拍出画面影调、色彩一致的视频。而如果采用室内一般的灯光进行拍摄，灯光亮度又不够，打光效果也无法控制。所以，想录制出效果更好的视频，一些比较专业的室内灯光是必不可少的。

简单实用的平板 LED 灯

一般来讲，在拍摄视频时往往需要比较柔和的灯光，让画面中不会出现明显的阴影，并且呈现柔和的明暗过渡。而在不增加任何其他配件的情况下，平板LED灯本身就能通过大面积的灯珠打出比较柔和的光。

当然，也可以为平板LED灯增加色片、柔光板等配件，让光质和光源色产生变化。

平板 LED 灯

更多可能的 COB 影视灯

这种灯的形状与影室闪光灯非常像，并且同样带有灯罩卡口，从而让影室闪光灯可用的配件在COB影视灯上均可使用，让灯光更可控。

常用的配件有雷达罩、柔光箱、标准罩和束光筒等，可以打出或柔和、或硬朗的光线。

因此，丰富的配件和光效是更多的人选择COB影视灯的原因。有时候人们也会把COB影视灯当作主灯，把平板LED灯辅助灯当作进行组合打光。

COB 影视灯搭配柔光箱

短视频博主最爱的 LED 环形灯

如果不懂布光，或者不希望在布光上花费太多时间，只需在面前放一盏LED环形灯，就可以均匀地打亮面部并形成眼神光了。

当然，LED环形灯也可以配合其他灯光使用，让面部光影更均匀。

环形灯

简单实用的三点布光法

三点布光法是拍摄短视频、微电影的常用布光方法。“三点”分别为位于主体侧前方的主光，以及另一侧的辅光和侧逆位的轮廓光。

这种布光方法既可以打亮主体，将主体与背景分离，还能够营造一定的层次感、造型感。

一般情况下，主光的光质相对辅光要硬一些，从而让主体形成一定的阴影，增加影调的层次感。既可以使用标准罩或蜂巢来营造硬光，也可以通过相对较远的灯位来提高光线的方向性。也正是这个原因，在三点布光法中，主光的距离往往比辅光要远一些。辅助光作为补充光线，其强度应该比主光弱，主要用来形成较为平缓的明暗对比。

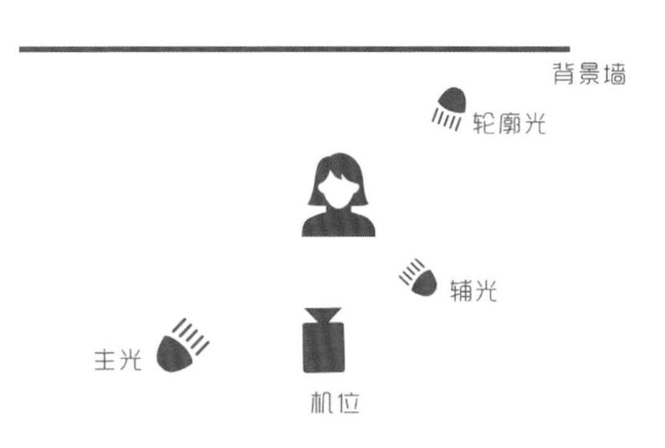

在三点布光法中，也可以不要轮廓光，而用背景光来代替，从而降低人物与背景的对比，让画面整体更明亮，影调也更自然。如果想为背景光加上不同颜色的色片，还可以通过色彩营造独特的画面氛围。

用氛围灯让视频更美观

前面讲解的灯光基本上只有将场景照亮的作用，但如果想让场景更美观，那么还需要购置氛围灯，从而为视频画面增加不同颜色的灯光效果。

例如，在右图所示的场景中，笔者的身后使用了两盏氛围灯，一盏能够自动改变颜色，一盏是恒定的暖黄色。下面展示的 3 个主播背景，同样使用了不同的氛围灯。

要布置氛围灯可以直接在电商网站上以“氛围灯”为关键词进行搜索，找到不同类型的灯具，也可以用“智能 LED 灯带”为关键词进行搜索，购买可以按自己的设计布置成为任意形状的灯带。

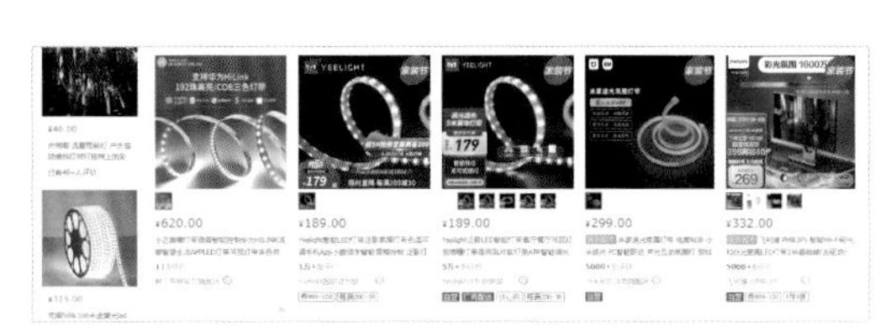

视频拍摄外采、监看设备

视频拍摄外采设备也被称为监视器、记录仪和录机等，它的作用主要有两点。

提升视频画质

使用监视器能拍摄更高质量的视频。例如，有些相机没有录制RAW视频的功能，但使用监视器后则可以录制。以佳能EOS R为例，在视频录制规格的官方描述中，明确指出了外部输出规格：裁剪4K UHD 30P视频，10bit色彩深度，422采样，支持Clog，而机内录制仅能达到8bit色彩深度，420采样，且不支持Clog。

提升监看效果

监视器面积更大，可以代替相机上的小屏幕，使创作者能看到更精细的画面。由于监视器的亮度普遍更高，所以即便在户外的强光下，也可以清晰地看到录制效果。

有些相机的液晶屏没有翻转功能，或者可以翻转但程度有限。使用有翻转功能的外接监视器，可以方便创作者以多个角度监看视频拍摄画面。

利用监视器还可以直接将佳能相机以Clog曲线录制的画面转换为HDR效果，让创作者直接看到最终模拟效果。

有些监视器不仅支持触屏操作，还有完善的辅助构图、曝光、焦点控制工具，可以弥补相机的功能短板。

外采设备

用竖拍快装板拍摄竖画幅视频

当前许多视频平台以竖画幅视频为主，即便是剧情类视频，也有相当一部分不再使用横画幅，以适应竖屏手机的观看方式。

要更好地拍摄竖画幅视频，在使用前文讲述的三脚架的基础上，还需要使用竖拍快装板（又称为 L 形快装板），从而使相机可以竖立旋转。

用外接电源进行长时间录制

在进行持续的长时间视频录制时，一块电池的电量很有可能不够用。而如果更换电池，则势必会导致拍摄中断。为了解决这个问题，各位可以使用外接电源进行连续录制。

由于外接电源可以使用充电宝进行供电，因此只需购买一块大容量的充电宝，就可以大大延长视频录制时间。

另外，如果在室内以固定机位进行录制，还可以选择直接连接插座的外接电源进行供电，从而完全避免在长时间拍摄过程中出现电量不足的问题。

可直连插座的外接电源

可连接移动电源的外接电源

通过外接电源让充电宝给相机供电

通过提词器让语言更流畅

提词器是一个通过高亮度的显示器显示文稿内容，并将显示器显示的内容反射到相机镜头前一块呈45° 角的专用镀膜玻璃上，把台词反射出来的设备。它可以让演讲者在看演讲词时，依旧保持很自然的对着镜头说话的感觉。

由于提词器需要经过镜面反射，所以除了硬件设备，还需要使用软件来将正常的文字进行方向上的变换，从而在提词器上显示出正常的文稿。

通过提词器软件，字体的大小、颜色、文字滚动速度均可以按照演讲人的需求改变。值得一提的是，如果是一个团队进行视频录制，可以派专人控制提词器，从而确保提词速度可以根据演讲人语速的变化而变化。

如果更看中便携性，也可以把手机当作显示器的简易提词器。

当使用这种提词器配合单反相机拍摄时，要注意支架的稳定性，必要时需要在支架前方进行配重，以免因为单反相机太重，而支架又比较单薄导致设备损坏。

专业提词器

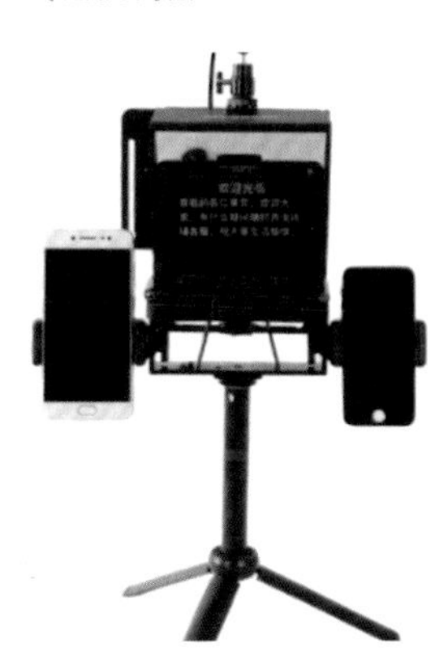

简易提词器

利用运动相机拍摄第一视角视频

在拍摄台球、美食、手工等视频时，往往需要一些第一视角的视频画面。此时可以使用运动相机来拍摄，并在后期剪辑时，将这些视频与使用相机拍摄的视频组接起来。

运动相机的特点是体积小、便携、隐蔽、易安装、防抖性能高、防水、防震，可以夹在胸口、戴在头上或绑在身体某一个位置，因此可以胜任如骑行、跑步、冲浪、自驾和游泳等多种拍摄场景。

可供大家选择的运动相机包括大疆、GoPro和Insta 360等品牌。

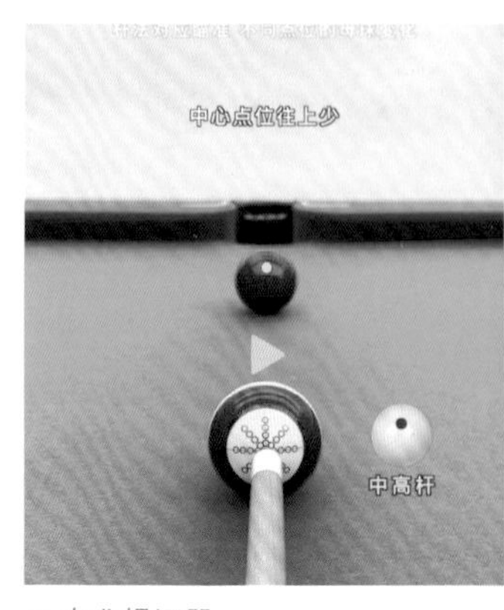

○ 专业提词器

○ GoPro　○ Insta 360

○ 大疆

使用相机兔笼让视频拍摄更灵活方便

兔笼有3个作用，第一是保护相机，第二是让创作者能够给相机添加各种附件，如脚架、云台、跟焦器、监视器支架、麦克风支架、闪光灯支架、转接环支架、上提手柄、侧握手柄和遮光罩等，并有效地固定这些附件，第三是让创作者更便于稳定地手持相机进行拍摄。

可供大家选择的运动相机包括铁头、斯莫格和优篮子等品牌。

○ 使用了兔笼的相机

○ 铁头

○ 优篮子

○ 斯莫格

第 7 章

拍视频必学的镜头语言与分镜头脚本的撰写方法

推镜头的 6 大作用

强调主体

推镜头是指镜头从全景或别的大景位由远及近，向被摄对象推进拍摄，最后使景别逐渐变成近景或特写镜头，最常用于强调画面的主体。例如，下面的组图展示了一个通过推镜头强调居中在讲解的女孩的效果。

突出细节

推镜头可以通过放大来突出事物细节或人物表情、动作，从而使观众得以知晓剧情的重点在哪里，以及人物对当前事件的反应。例如，在早期的很多谈话类节目中，当被摄对象谈到伤心处，摄影师都会推上一个特写，展现含满泪花的眼睛。

许多影视作品也都非常重视对细节的刻画。例如，《琅琊榜》中梅长苏手捻衣服的细节动作，《悬崖之上》电影中烟头、镜子上的标记等，甚至可以说如果没有细节，那么有些剧情就无法向下推进。

引入角色及剧情

推镜头这种景别逐渐变小的运镜方式进入感极强，也常被用于视频的开场，在交代地点、时间、环境等信息后，正式引入主角或主要剧情。许多导演都会把开场的任务交给气势恢宏的推镜头，从大环境逐步过渡到具体的故事场景，如徐克的《龙门飞甲》。

制造悬念

当推镜头作为一组镜头的开始镜头使用时，往往可以制造悬念。例如，一个逐渐推进角色震惊表情的镜头可以引发观众的好奇心——角色到底看到了什么才会如此震惊?

改变视频的节奏

通过改变推镜头的速度可以影响和调整画面节奏，一个缓慢向前推进的镜头给人一种冷静思考的感觉，而一个快速向前推进的镜头给人一种突然间有所醒悟、有所发现的感觉。

减弱运动感

当以全景表现运动的角色时，速度感是显而易见的。但如果以推镜头到特写的景别来表现角色，则会由于没有对比弱化运动感。

拉镜头的 6 大作用

展现主体与环境的关系

拉镜头是指摄影师通过拖动摄影器材或以变焦的方式，将视频画面从近景逐渐变换到中景甚至全景的操作，常用于表现主体与环境关系。例如，下面的拉镜头展现了模特与直播间的关系。

以小见大

例如，先特写面包店剥落的油漆、被打破的玻璃窗，然后逐渐后拉呈现一场灾难后的城市。这个镜头就可以把整个城市的破败与面包店连接起来，有以小见大的作用。

体现主体的孤立、失落感

拉镜头可以将主体孤立起来。比如，一个女人站在站台上，火车载着她唯一的孩子逐渐离去，架在火车上的摄影机逐渐远离女人，就能很好地体现出她的失落感。

又或者在一间教室内，镜头从老师的特写逐渐后拉，渐渐呈现一个空荡荡的凌乱的教室，体现老师在学生毕业后的失落感。

引入新的角色

在后拉过程中，可以非常合理地引入新的角色、元素。例如，在一间办公室中，领导正在办公，通过后拉镜头的操作，将旁边整理文件的秘书引入画面，并与领导产生互动，如果空间够大，还可以继续后拉，引入坐在旁边焦急等待的办事群众。

营造反差

在后拉镜头的过程中，由于引入了新的元素，因此可以借助新元素与原始信息营造反差。例如，特写一个身着凉爽服装的女孩，镜头后拉，展现的环境却是冰天雪地。

又如，特写一个正襟危坐、西装革履的主持人，镜头拉远之后，却发现他穿的是短裤、拖鞋。

营造告别感

拉镜头从视频效果上看起来是观众在后退，从故事中抽离出去，这种退出感、终止感具有很强的告别意味，因此如果视频找不到合适的结束镜头，不妨试一下拉镜头。

摇镜头的 7 大作用

介绍环境

摇镜头是指机位固定，通过旋转摄影器材进行拍摄，分为水平摇拍和垂直摇拍。左右水平摇镜头适合拍摄壮阔的场景，如山脉、沙漠、海洋、草原和战场；上下摇镜头适用于展示人物或建筑的雄伟，也可用于展现峭壁的险峻。

模拟审视观察

摇镜头的视觉效果类似于一个人站在原地不动，通过水平或垂直转动头部，仔细观察所处的环境。摇镜头的重点不是起幅或落幅，而是在整个摇动过程中展现的信息，因此不宜过快。

强调逻辑关联

摇镜头可以暗示两个不同元素间的一种逻辑关系。例如，当镜头先拍摄角色，再随着角色的目光摇镜头拍摄衣橱，则观众就能明白两者之间的联系。

转场过渡

在一个起幅画面后，利用极快的摇摄使画面中的影像全部虚化，过渡到下一个场景，可以给人一种时空穿梭的感觉。不过，这两个场景应该在时间或地理位置上都要相距较远，才符合逻辑。

表现动感

当拍摄运动的对象时，先拍摄其由远到近的动态，再利用摇镜头表现其经过摄影机后由近到远的动态，可以很好地表现运动物体的动态、动势、运动方向和运动轨迹。

组接主观镜头

当前一个镜头表现的是一个人环视四周，下一个镜头就应该用摇镜头表现其观看到的空间，即利用摇镜头表现角色的主观视线。

强调真实性

摇镜头有时空完整性，因此更能强调真实感。例如，当拍摄一个人进飞机后，再摇镜拍摄机身上的标志，就可以强调他乘坐的是哪个航空公司的飞机，由于过程连续，因此真实、自然。

移镜头的 4 大作用

赋予画面流动感

移镜头是指拍摄时摄影机在一个水平面上左右或上下移动（在纵深方向移动则为推/拉镜头）进行拍摄，拍摄时摄影机有可能被安装在移动轨上或安装在配滑轮的脚架上，也有可能被安装在升降机上进行滑动拍摄。由于采用移镜头方式拍摄时，机位是移动的，所以画面具有一定的流动感，这会让观众感觉仿佛置身于画面中，视频画面更有艺术感染力。

展示环境

移镜头展示环境的作用与摇镜头十分相似，但由于移镜头打破了机位固定的限制，可以随意移动，甚至可以越过遮挡物展示空间的纵深感，因而移镜头表现的空间比摇镜头更有层次，视觉效果更为强烈。最常见的是在旅行过程中，将拍摄器材贴在车窗上拍摄快速后退的外景。

模拟主观视角

以移镜头的形式拍摄的视频画面，可以形成角色的主观视角，展示被摄角色以穿堂入室、翻墙过窗、移动逡巡的形式看到的景物。这样的画面能给观众很强的代入感，有身临其境的感受。

在拍摄商品展示、美食类视频时，常用这种运镜方式模拟仔细观察、检视的过程。此时，手持拍摄设备缓慢移动进行拍摄即可。

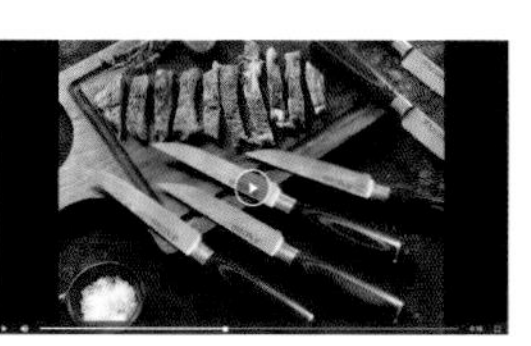

创造更丰富的动感

在具体拍摄时，如果拍摄条件有限，摄影师可能更多地采用简单的水平或垂直移镜拍摄，但如果有更大的团队、更好的器材，在拍摄时通常会综合使用移镜、摇镜及推拉镜头，以创造更丰富的动感视角。

跟镜头的 3 种拍摄方式

跟镜头又称“跟拍”，是跟随被摄对象进行拍摄的镜头运动方式。跟镜头可连续而详尽地表现角色在行动中的动作和表情，既能突出运动中的主体，又能交代动体的运动方向、速度、体态及其与环境的关系。按摄影机的方位可以分为前跟、后跟（背跟）和侧跟 3 种方式。

前跟常用于采访，即拍摄器材在人物前方，形成“边走边说”的效果。

体育视频通常为侧面拍摄，表现运动员运动的姿态。

后跟用于追随线索人物游走于一个大场景之中，将一个超大空间里的方方面面一一介绍清楚，同时保证时空的完整性。根据剧情，还可以表现角色被追赶、跟踪的效果。

升降镜头的作用

上升镜头是指相机的机位慢慢升起，从而表现被摄体的高大。在影视剧中，也被用来表现悬念；而下降镜头的方向则与之相反。升降镜头的特点在于能够改变镜头和画面的空间，有助于增强戏剧效果。

例如，在电影《一路响叮当》中，使用了升镜头来表现高大的圣诞老人角色。

在电影《盗梦空间》中，使用升镜头表现折叠起来的城市。

需要注意的是，不要将升降镜头与摇镜头混为一谈。比如，机位不动，仅将镜头仰起，此为摇镜头，展现的是拍摄角度的变化，而不是高度的变化。

甩镜头的作用

甩镜头是指一个画面拍摄结束后，迅速旋转镜头到另一个方向的镜头运动方式。由于甩镜头时，画面的运动速度非常快，所以该部分画面内容是模糊不清的，但这正好符合人眼的视觉习惯（与快速转头时的视觉感受一致），所以会给观赏者带来较强的临场感。

值得一提的是，甩镜头既可以在同一场景中的两个不同主体间快速转换，模拟人眼的视觉效果；也可以在甩镜头后直接接入另一个场景的画面（通过后期剪辑进行拼接），从而表现同一时间、不同空间中并列发生的事情，此法在影视剧制作中经常出现。在电影《爆裂鼓手》中有一段精彩的甩镜头示范，镜头在老师与学生间不断甩动，体现了两者之间的默契与音乐的律动。

环绕镜头的作用

将移镜头与摇镜头组合起来，就可以实现一种比较炫酷的运镜方式——环绕镜头。

实现环绕镜头最简单的方法，就是将相机安装在稳定器上，然后手持稳定器，在尽量保持相机稳定的前提下绕人物走一圈儿，也可以使用环形滑轨。

通过环绕镜头可以 360° 全方位地展现主体，经常用于突出新登场的人物，或者展示景物的精致细节。

例如，一个领袖发表演说，摄影机在他们后面做半圆形移动，使领袖保持在画面的中央，这就突出了一个中心人物。在电影《复仇者联盟》中，当多个人员集结时，也使用了这样的镜头来表现集体的力量。

镜头语言之“起幅”与“落幅”

无论使用前面讲述的推、拉、摇、移等诸多种运动镜头中的哪一种，在拍摄时这个镜头通常都是由 3 部分组成的，即起幅、运动过程和落幅。

理解“起幅”与“落幅”的含义和作用

起幅是指在运动镜头开始时的画面。即从固定镜头逐渐转为运动镜头的过程中，拍摄的第一个画面被称为起幅。

为了让运动镜头之间的连接没有跳动感、割裂感，往往需要在运动镜头的结尾处逐渐转为固定镜头，称为落幅。

除了可以让镜头之间的连接更加自然、连贯，起幅和落幅还可以让观赏者在运动镜头中看清画面中的场景。其中起幅与落幅的时长一般为 1 秒左右，如果画面信息量比较大，如远景镜头，则可以适当延长时间。

在使用推、拉、摇、移等运镜手法进行拍摄时，都以落幅为重点，落幅画面的视频焦点或重心是整个段落的核心。

如右侧图中上方为起幅，下方为落幅。

起幅与落幅的拍摄要求

由于起幅和落幅是固定镜头，考虑到画面美感，在构图时要严谨。尤其是在拍摄到落幅阶段时，镜头停稳的位置、画面中主体的位置和所包含的景物均要进行精心设计。

如右侧图上方起幅使用 V 形构图，下方落幅使用水平线构图。

停稳的时间也要恰到好处。过晚进入落幅，则在与下一段起幅衔接时会出现割裂感，而过早进入落幅，又会导致镜头停滞时间过长，让画面显得僵硬、死板。

在镜头开始运动和停止运动的过程中，镜头速度的变化要尽量均匀、平稳，从而让镜头衔接更加自然、顺畅。

空镜头、主观镜头与客观镜头

空镜头的作用

空镜头又称景物镜头，根据镜头所拍摄的内容，可分为写景空镜头和写物空镜头。写景空镜头多为全景、远景，也称为风景镜头；写物空镜头则大多为特写和近景。

空镜头的作用有渲染气氛，也可以用来借景抒情。

例如，当在一档反腐视频节目结束时，旁白是“留给他的将是监狱中的漫漫人生”，画面是监狱高墙及墙上的电网，并且随着背景音乐逐渐模糊直到黑场。这个空镜头暗示了节目主人公余生将在高墙内度过，未来的漫漫人生将是灰暗的。

此外，还可以利用空镜头进行时空过渡。

镜头一：中景，小男孩走出家门。

镜头二：全景，森林。

镜头三：近景，树木局部。

镜头四：中景，小男孩在森林中行走。

在这组镜头中，镜头二与三均为空镜，很好地起到了时空过渡的效果。

客观镜头的作用

客观镜头的视点模拟的是旁观者或导演的视点，对镜头所展示的事情不参与、不判断、不评论，只是让观众有身临其境之感，所以也称为中间镜头。

新闻报道就大量使用了客观镜头，只报道新闻事件的状况、发生的原因和造成的后果，不作任何主观评论，让观众去评判、思考。画面是客观的，内容是客观的，记者立场也是客观的，从而达到新闻报道客观、公正的目的。例如，下面是一个记录白天鹅栖息地的纪录片截图。

客观镜头的客观性包括两层含义。

- 客观反映对象自身的真实性。
- 对拍摄对象的客观描述。

主观镜头的作用

从摄影的角度来说，主观性镜头就是摄影机模拟人的观察视角，视频画面展现人观察到的情景，这样的画面具有较强的代入感，也被称为第一视角画面。

例如，在电影中，当角色通过望远镜观察时，下一个镜头通常都会模拟通过望远镜观看到的景物，这就是典型的第一视角主观性镜头。

网络上常见的美食制作讲解、台球技术讲解、骑行风光、跳伞、测评等类型的视频，多数采用主观性镜头。在拍摄这样的主观镜头时，多数采用将 GoPro 等便携式摄像设备固定在拍摄者身上的方式，有时也会采用手持式拍摄，因为画面的晃动能更好地模拟一个人的运动感，将观众带入情节画面。

在拍摄剧情类视频时，一个典型的主观镜头，通常是由一组镜头构成的，以告诉观众谁在看、看什么、看到后的反应及如何看。

回答这 4 个问题可以安排下面这样一组镜头。

一镜是人物的正面镜头，这个镜头要强调看的动作，回答是谁在看。

二镜是人物的主观性镜头，这个镜头要强调所看到的内容，回答人物在看什么。

三镜是人物的反应镜头，这个镜头侧重强调看到后的情绪，如震惊、喜悦等。

四镜是带关系的主观镜头，一般是将拍摄器材放在人物的后面，以高于肩膀的高度拍摄。这个镜头提示看与被看的关系，体现二者的空间关系。

4 种常用的非技巧性转场

非技巧性转场是用镜头的自然过渡来连接上下两个镜头的，无技巧性的转场强调的是视觉的连续性，并不是任何两个镜头之间都可应用非技巧性转场，运用非技巧性转场需要注意寻找合理的转场元素。

利用相似性进行转场

当前后两个镜头具有相同或相似的主体形象，或者两个镜头的元素在运动方向、速度、色彩、表情、动作、声音等方面具有一致性时，即可实现视觉连续、转场顺畅的效果。

例如，下面这组镜头是利用帽子进行平常转场的。

下面分别是利用动作及表情进行转场的。

同理，在拍摄生活类视频时，如果上一个镜头是果农在果园里采摘苹果的近景，下一个镜头是顾客在菜市场挑选苹果的特写，利用上下镜头都有“苹果”这一相似性元素，就可以将两个不同场景下的镜头联系起来，从而实现自然、顺畅的转场效果。

特写转场

特写转场也称为细节转场，是指前一组镜头以推镜头的方式，从中景或特写逐渐推到大特写景别，下一组镜头从大特写逐渐拉到中景或全景。由于两组镜头衔接处是无时间、空间标志的同一物体的特写细节，因此，转场基本上是无痕的。

例如，下面的一组镜头是逐渐从中景推到眼部特写，再从眼部特写拉到中景，完成时空转换，获得平滑的转场效果的。

这种转场方法的优点是可以通过任意对象进行转场，例如，一支笔、一顶帽子、一个眼镜、一个树洞、一个笔记本、飞扬的头条、打字的手等。

空镜转场

只拍摄场景的镜头称为空镜头。这种转场方式通常在需要表现时间或空间巨大变化时使用，从而起到过渡、缓冲的作用。

除此之外，空镜头也可以实现“借物抒情”的效果。比如，上一个镜头是女主角在电话中向男主角提出分手，接一个空镜头，是雨滴落在地面的景象，然后再接男主角在雨中接电话的景象。其中，“分手”这种消极情绪与雨滴落在地面的镜头之间是有情感上的内在联系的；而男主角站在雨中接电话，由于与空镜头中的“雨”存在空间上的联系，从而实现了自然且富有情感的转场效果。下面这组图中就使用空镜使场景从室外直接切到了室内。

遮挡镜头转场

当某物逐渐遮挡画面，直至完全遮挡，然后再逐渐离开，显露画面的过程就是遮挡镜头转场。这种转场方式可以将过场戏省略掉，从而加快画面节奏。

例如，下面是利用场景中的衣服遮挡镜头形成自然转场的。

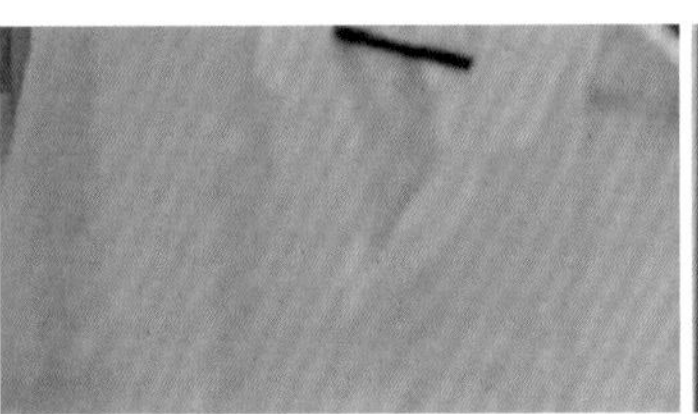
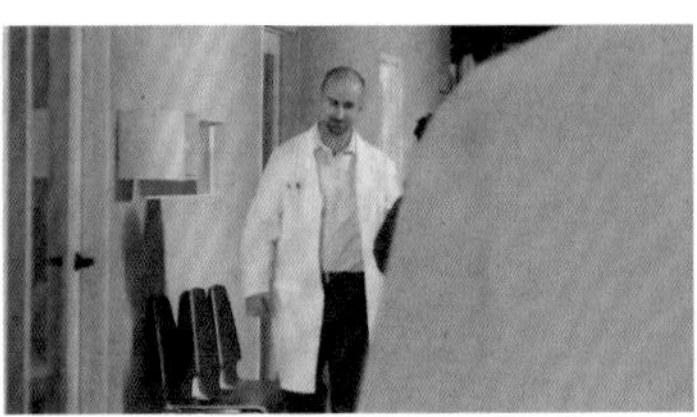

如果遮挡物距离镜头较近，阻挡了大量的光线，导致画面完全变黑，再由纯黑的画面逐渐转变为正常的场景，这种方法称为挡黑转场。挡黑转场在视觉上给人以较强的冲击，同时还可以制造视觉悬念。

门框与廊柱等竖条形景物，通常可以是很好的遮挡物。

此外，从主角面前经过的人与车等运动的对象，也可以形成有效遮挡。

4 种常用的技巧性转场

技巧性转场指的是在拍摄或剪辑时要采用一些技术或特效才能实现的转场。

淡入淡出转场

淡入淡出转场即上一个镜头的画面由明转暗，直至黑场；下一个镜头的画面由暗转明，逐渐显示至正常亮度。淡出与淡入的时长一般各为两秒，但在实际编辑时，可以根据视频的情绪、节奏灵活掌握。

在部分影片中，在淡出淡入转场之间还有一段黑场，表示剧情告一段落，或者让观众陷入思考。

从黑色通过淡入方式进入正片，是常用的视频开场方式。

同理，也可以采用正片淡出到黑色的方式来结束一段视频，给观众逐渐脱离故事的感觉。

除了黑色，还可以使用白色完成淡入与淡出。当淡入到白色时，通常给人一种进入梦境、回忆或精神得到升华的感觉。

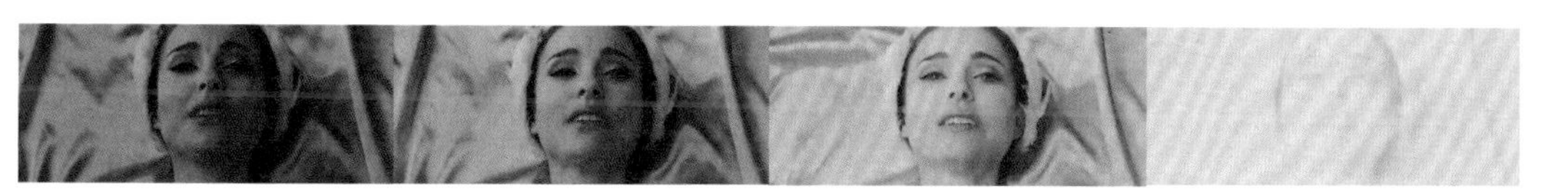

叠化转场

叠化是指将前后两个镜头在短时间内重叠，并且前一个镜头逐渐模糊到消失，后一个镜头逐渐清晰直到完全显现。

叠化转场主要用来表现时间的消逝、空间的转换，或者在表现梦境和回忆的镜头中使用，还可以利用这种方法获得情节过渡镜头。

叠化还可以在两个镜头的人物、景物之间建立联系。例如，在下面的视频截图中，就是通过叠化的方式使男人与小孩之间产生逻辑联系的。

值得一提的是，由于在叠化转场过程，前后两个镜头会有几秒比较模糊的重叠，如果镜头质量不佳的话，可以用这段时间掩盖镜头缺陷。

划像转场

划像转场也被称为扫换转场，分为划出与划入。上一个画面从某一方向退出屏幕称为划出；下一个画面从某一方向进入屏幕称为划入。

根据画面进、出屏幕的方向不同，可分为横划、竖划和对角线划等，通常在两个内容意义差别较大的镜头转场时使用。

这种转场形式由于略显老旧，目前应用已经比较少了。

其他特效转场

由于目前视频剪辑类软件的功能非常强大，从理论上来说，可以使用任意一种特效来进行转场，如多屏分切、翻页、旋转缩小和竖向模糊等。

但这样的转场由于过于刻意，因此大多数仅适用于MTV类视频短片，用于增强视频的动感，丰富视频画面。

了解拍摄前必做的分镜头脚本

通俗地说，分镜头脚本就是将一段视频包含的每一个镜头拍什么、怎么拍，先用文字写出来或画出来（有人会利用简笔画表明分镜头脚本的构图方法），也可以理解为拍视频之前的计划书。

对于影视剧的拍摄，分镜头脚本有着严格的绘制要求，是前期拍摄和后期剪辑的重要依据，并且需要经过专业的训练才能完成。但作为普通摄影爱好者，大多数都以拍摄短视频或者 VLOG 为目的，因此只需了解其作用和基本撰写方法即可。

分镜头脚本的作用

指导前期拍摄

即便是拍摄一条长度仅为 10 秒左右的短视频，通常也需要 3 ～ 4 个镜头来完成。那么 3 个或 4 个镜头计划怎么拍，就是分镜头脚本中应该写清楚的内容。这样可以避免到了拍摄场地后现场构思，既浪费时间，又可能因为思考时间太短，而得不到理想的画面。

值得一提的是，虽然分镜头脚本有指导前期拍摄的作用，但不要被其所束缚。在实地拍摄时，如果有更好的创意，则应该果断采用新方法进行拍摄。

下面展示的徐克、姜文、张艺谋 3 位导演的分镜头脚本，可以看出来即便是大导演也在遵循严格的拍摄规划流程。

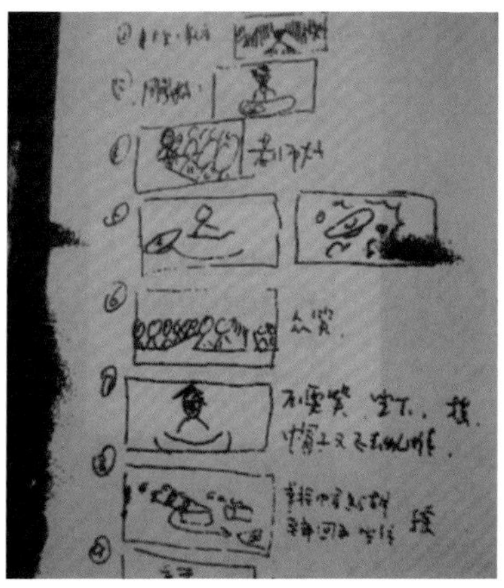

徐克、姜文、张艺谋三位导演的分镜头脚本

后期剪辑的依据

根据分镜头脚本拍摄的多个镜头，需要通过后期剪辑合并成一段完整的视频。因此，镜头的排列顺序和镜头转换的节奏都需要以分镜头脚本作为依据。尤其是在拍摄多组备用镜头后，很容易相互混淆，导致不得不花费更多的时间进行整理。

另外，由于拍摄时现场的情况很可能与预期不同，所以前期拍摄未必完全按照分镜头脚本进行。此时就需要懂得变通，抛开分镜头脚本，寻找最合适的方式进行剪辑。

分镜头脚本的撰写方法

掌握了分镜头脚本的撰写方法，也就学会了如何制订短视频或者 VLOG 的拍摄计划。

分镜头脚本应该包含的内容

一份完善的分镜头脚本应该包含镜头编号、景别、拍摄方法、时长、画面内容、拍摄解说和音乐 7 部分内容。下面逐一讲解每部分内容的作用。

（1）镜头编号：镜头编号代表各个镜头在视频中出现的顺序。绝大多数情况下，它也是前期拍摄的顺序（因客观原因导致个别镜头无法拍摄时，则会先跳过）。

（2）景别：景别分为全景（远景）、中景、近景和特写，用于确定画面的表现方式。

（3）拍摄方法：针对被摄对象描述镜头运用方式，是分镜头脚本中唯一对拍摄方法的描述。

（4）时间：用来预估该镜头的拍摄时长。

（5）画面：对拍摄的画面内容进行描述。如果画面中有人物，则需要描绘人物的动作、表情和神态等。

（6）解说：对拍摄过程中需要强调的细节进行描述，包括光线、构图及镜头运用的具体方法等。

（7）音乐：确定背景音乐。

提前对上述 7 部分内容进行思考并确定，整段视频的拍摄方法和后期剪辑的思路、节奏就基本确定了。虽然思考的过程比较费时，但正所谓“磨刀不误砍柴工”，做一份详尽的分镜头脚本，可以让前期拍摄和后期剪辑轻松很多。

撰写分镜头脚本实践

了解了分镜头脚本所包含的内容后，就可以尝试自己进行撰写了。这里以在海边拍摄一段短视频为例，向读者介绍分镜头脚本的撰写方法。

由于分镜头脚本是按不同镜头进行撰写的，所以一般都以表格的形式呈现。但为了便于介绍撰写思路，会先以成段的文字进行讲解，最后通过表格呈现最终的分镜头脚本。

首先整段视频的背景音乐统一确定为陶喆的《沙滩》，然后再通过分镜头讲解设计思路。

镜头 1：人物在沙滩上散步，并在旋转过程中让裙子散开，表现出在海边散步的惬意。所以“镜头 1”利用远景将沙滩、海水和人物均纳入画面中。为了让人物在画面中显得比较突出，应穿着颜色鲜艳的服装。

镜头 2：由于“镜头 3”中将出现新的场景，所以将“镜头 2”设计为一个空镜头，单独表现“镜头 3”中的场地，让镜头彼此之间具有联系，起到承上启下的作用。

镜头 3：经过前面两个镜头的铺垫，此时通过在垂直方向上拉镜头的方式，让镜头逐渐远离人物，表现出栈桥的线条感与周围环境的空旷、大气之美。

镜头 4：最后一个镜头则需要将画面拉回到视频中的主角——人物身上。同样通过远景来表现，同时兼顾美丽的风景与人物。在构图时要利用好栈桥的线条，形成透视牵引线，增强画面的空间感。

○ 镜头 1：表现人物与海滩景色

○ 镜头 2：表现出环境

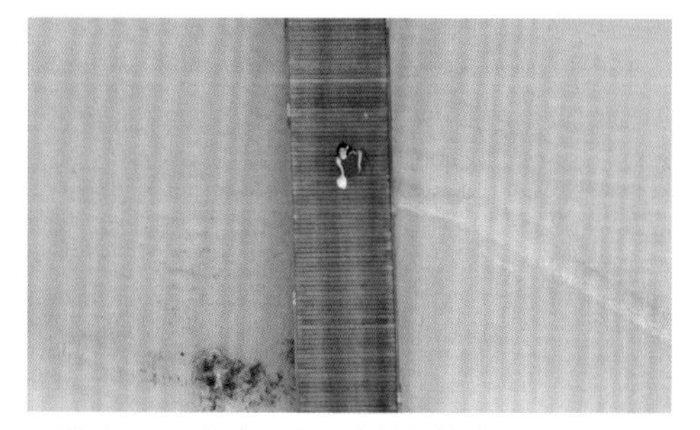

○ 镜头 3：逐渐表现出环境的极简美

○ 镜头 4：回归人物

经过上述思考，就可以将分镜头脚本以表格的形式表现出来了，最终的成品参见下表。

镜号	景别	拍摄方法	时间	画面	解说	音乐
1	远景	移动机位拍摄人物与沙滩	3 秒	穿着红衣的女子在海边的沙滩上散步	采用稍微俯视的角度，表现出沙滩与海水，女子可以摆动起裙子	《沙滩》
2	中景	以摇镜头的方式表现栈桥	2 秒	狭长栈桥的全貌逐渐出现在画面中	摇镜头的最后一个画面，需要栈桥透视线的灭点位于画面中央	同上
3	中景 + 远景	中景俯拍人物，采用拉镜头的方式，让镜头逐渐远离人物	10 秒	从画面中只有人物与栈桥，再到周围的海水，再到更大的空间	通过长镜头，以及拉镜头的方式，让画面中逐渐出现更多的内容，引起观赏者的兴趣	同上
4	远景	以固定机位拍摄	7 秒	女子在优美的栈桥上翩翩起舞	利用栈桥让画面更具空间感。人物站在靠近镜头的位置，使其占据一定的画面比例	同上

1800 万粉丝大号张同学镜头脚本分析

下面是笔者针对张同学的视频制作的简单的脚本表格。从中不难看出，他使用的技术其实非常简单，视频的流畅感觉与沉浸感主要来源于主观镜头与客观镜头的切换，以及动作与动作之间的衔接。

例如，主观镜头多为特写景别，使视频有第一人像视角效果。同一个动作换不同的角度拍摄，并在动作发生的瞬间做镜头衔接。利用遮挡转场的手法，使场景与场景之间的切换更自然 。

镜号	景别	拍摄方法	镜头类型	画面
1	全景	平移机位拍摄	客观	主角掀起被子准备起床
2	特写	手持跟随拍摄	主观	掀起窗帘
3	近景	屋外固定机位拍摄	客观	从屋内向窗外看
4	特写	手持跟随拍摄	主观	取右侧窗帘
5	特写	手持跟随拍摄	主观	取左侧窗帘
6	特写	手持跟随拍摄	主观	拿开枕头取袜子
7	特写	固定机位拍摄	客观	穿袜子细节
8	特写	固定机位拍摄	主观	穿袜子细节
9	特写	手持跟随拍摄	主观	拿衣服
10	特写	固定机位拍摄	客观	下床跳到鞋子上
11	全景	固定机位拍摄	客观	叠被子
12	特写	固定机位拍摄	客观	被子遮挡镜头（便于切场景）
13	特写	手持跟随拍摄	主观	放枕头到被子上
14	全景	固定机位拍摄	客观	推被子遮挡镜头
15	特写	手持跟随拍摄	主观	走向柜子打开抽屉
16	特写	手持跟随拍摄	主观	推门
17	全景	屋外固定机位拍摄	客观	推开门（这里与前一个镜头衔接很自然），准备揭开橱柜帘
18	近景	橱柜内固定机位拍摄	客观	揭开帘子（与前一个镜头衔接自然），拿一碗剩饭
19	特写	手持跟随拍摄	主观	将碗放在桌子上
20	特写	手持跟随拍摄	主观	揭开锅盖
21	特写	固定机位拍摄	主观	把剩饭丢锅里
22	特写	手持跟随拍摄	主观	拿勺子准备挖剩菜
23	特写	固定机位拍摄	客观	用勺子挖剩菜（与前一个镜头衔接自然）

第 8 章
录制常规、延时及慢动作视频的参数设置方法

使用佳能单反相机录制视频的简易流程

下面我们以 5D Mark Ⅳ相机为例，讲解拍摄视频短片的简单流程。

❶ 设置视频短片格式，并进入实时显示模式。

❷ 切换相机的曝光模式为TV或M挡（或其他模式），开启“短片伺服自动对焦”功能。

❸ 将“实时显示拍摄/短片拍摄”开关转至短片拍摄模式。

❹ 通过自动或手动的方式先对主体进行对焦。

❺ 按下START/STOP按钮，即可开始录制视频短片。录制完成后，再次按下START/STOP按钮。

○ 选择合适的曝光模式

○ 切换至短片拍摄模式

○ 在拍摄前，可以先进行对焦

○ 录制视频短片时，会在右上角显示一个红色的圆

虽然上面的流程看上去很简单，但实际上在拍摄过程中，涉及若干知识点。比如，设置视频短片参数、设置视频拍摄模式、开启并正确设置实时显示模式、开启视频拍摄自动对焦模式、设置视频对焦模式、设置视频自动对焦灵敏度、设置录音参数及设置时间码参数等，只有理解并正确设置这些参数，才能够录制出一段合格的视频。

下面笔者将通过若干节讲解上述知识点。

视频格式与画质

跟设置照片的尺寸、画质一样，录制视频的时候也需要关注视频的相关参数。如果录制的视频只是家常普通记录短片，可能全高清分辨率就可以，但是如果作为商业短片，可能需要录制高帧频的 4K 视频，所以在录制视频之前一定要设置好视频的参数。

设置视频格式与画质

在此通常需要设置视频格式、尺寸及帧频等选项，在下一页的表格中详细展示了佳能相机常见视频格式、尺寸及帧频参数的含义。下面以 5D Mark Ⅳ相机为例，讲解操作方法，其他佳能相机的菜单位置及选项可能与此略有区别，但操作方法与选项意义相同。

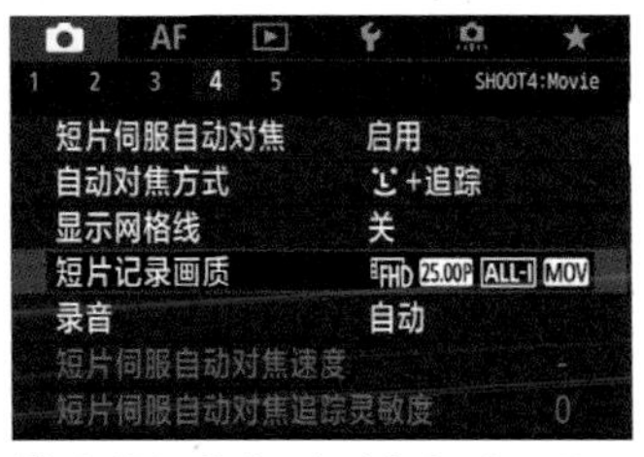

❶ 在**拍摄菜单4**中选择**短片记录画质**选项

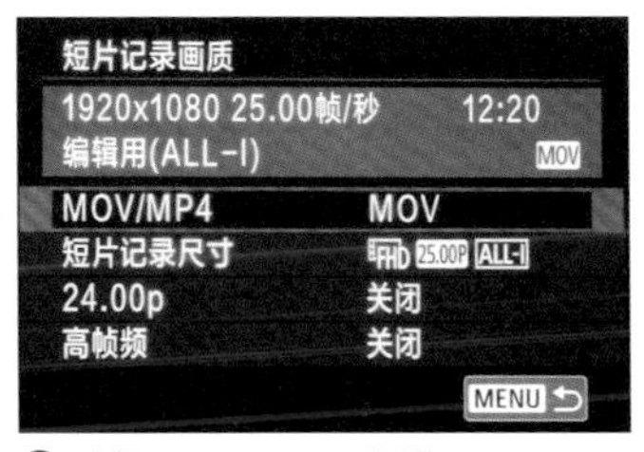

❷ 选择**MOV/MP4**选项

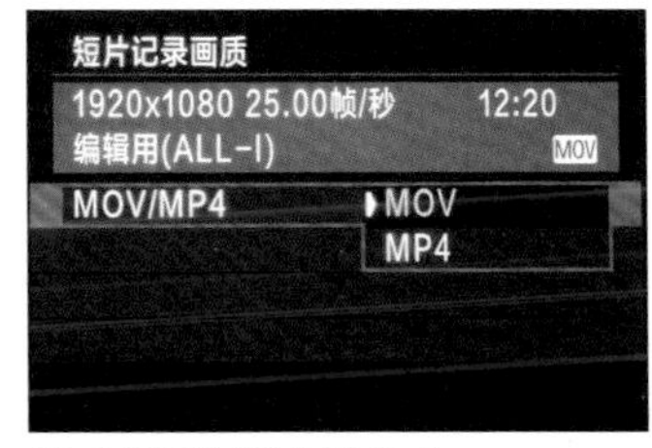

❸ 选择录制视频的格式

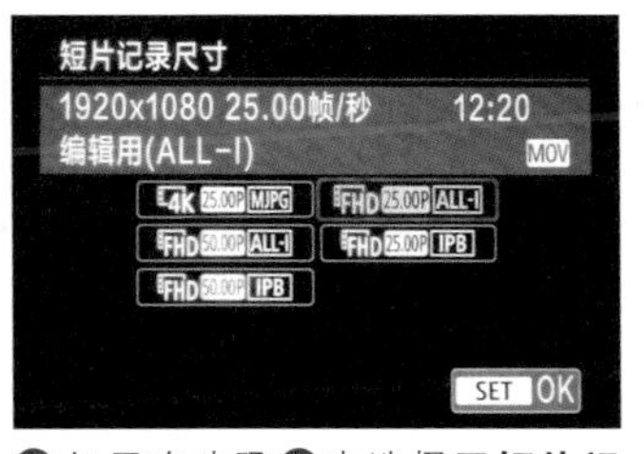

❹ 如果在步骤❷中选择了**短片记录尺寸**选项，则选择所需的短片记录尺寸选项，然后点击SET OK图标确定

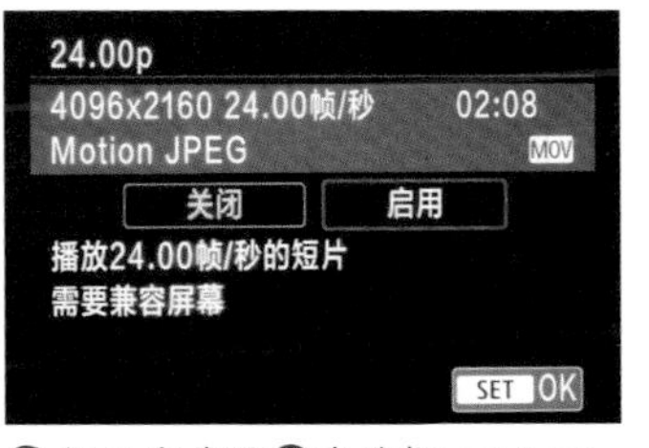

❺ 如果在步骤❷中选择了**24.00p**选项，选择**启用**或**关闭**选项，然后点击SET OK图标确定

设置 4K 视频录制

在许多手机都可以录制4K视频的今天，4K基本上是许多中高端相机的标配，以EOS 5D Mark Ⅳ为例，在4K视频录制模式下，用户可以录制最高帧频为30P、无压缩的超高清视频。

不过EOS 5D Mark Ⅳ的4K视频录制模式采集的是图像传感器的中心像素区域，并非全部像素，所以在录制 4K 视频时，拍摄视角会变得狭窄，约等于 1.74 倍的镜头系数。这就提示我们，在选购以视频拍摄为主要卖点的相机时，画面是否有裁剪是一个值得比较的参数。例如，EOS R5 相机就可以录制无裁剪的 4K 视频。

另外，在回放4K视频时，大部分相机允许用户从短片中截取静态画面作为一张新照片，因此，先录制4K视频，事后再抽帧成为照片，在纪实摄影中的应用逐渐开始广泛起来。

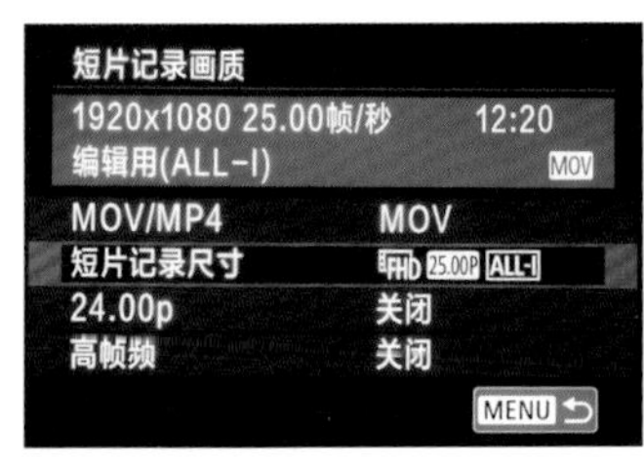

❶ 在**短片记录画质**菜单中选择**短片记录尺寸**选项

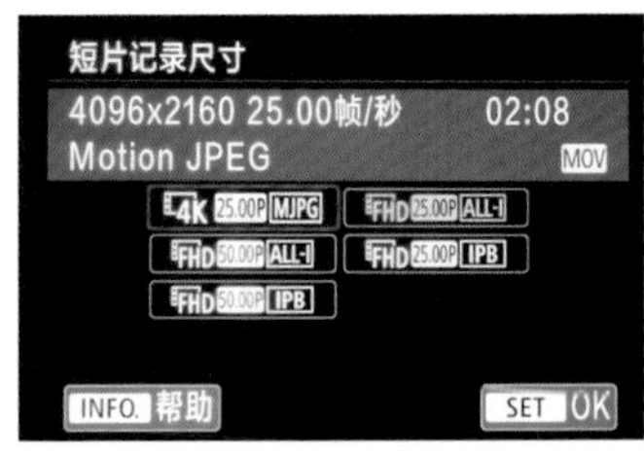

❷ 选择带4K图标的选项，然后点击SET OK图标确定

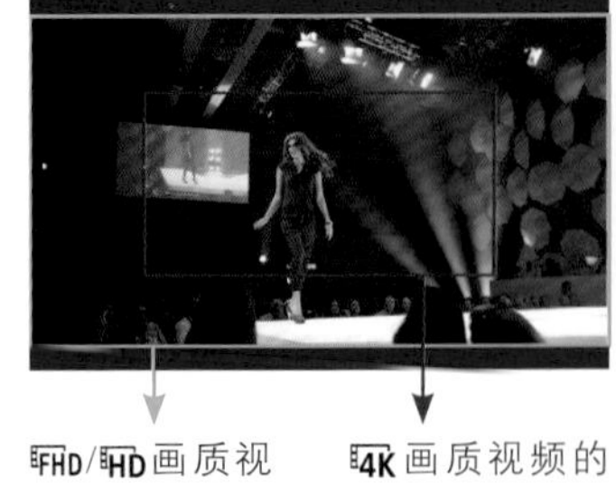

FHD/HD画质视频的取景范围

4K画质视频的取景范围

虽然不同的微单相机支持不同分辨率及压缩方式的视频格式，但各位读者可以通过下面的表格总体了解不同分辨率的具体尺寸及不同压缩方式的具体含义。

<table>
<tr><th colspan="5">短片记录画质选项说明表</th></tr>
<tr><td>MOV/MP4</td><td colspan="4">MOV 格式的视频文件适合在计算机上做后期编辑；MP4 格式的视频文件经过压缩，变得较小，便于网络传输</td></tr>
<tr><td rowspan="12">短片记录尺寸</td><td colspan="4">图像大小</td></tr>
<tr><td>4K</td><td>FHD</td><td colspan="2">HD</td></tr>
<tr><td>4K 超高清画质。记录尺寸为 4096×2160，长宽比约为 17 ∶ 9</td><td>全高清画质。记录尺寸为 1920×1080，长宽比为 16 ∶ 9</td><td colspan="2">高清画质。记录尺寸为 1280×720，长宽比为 16 ∶ 9</td></tr>
<tr><td colspan="4">帧频（帧 / 秒）</td></tr>
<tr><td>119.9P 59.94P 29.97P</td><td>100.0P 25.00P 50.00P</td><td colspan="2">23.98P 24.00P</td></tr>
<tr><td>分别以 119.9 帧 / 秒、59.94 帧 / 秒、29.9 帧 / 秒的帧频率记录短片，适用于电视制式为 NTSC 的地区（北美、日本、韩国和墨西哥等）。119.9P在启用“高帧频”功能时有效</td><td>分别以 110 帧 / 秒、25 帧 / 秒、50 帧 / 秒的帧频率记录短片，适用于电视制式为 PAL 的地区（欧洲、俄罗斯、中国和澳大利亚等）。100.0P在启用“高帧频”功能时有效</td><td colspan="2">分别以 23.98 帧 / 秒和 24 帧 / 秒的帧频率记录短片，适用于电影。24.00P在启用“24.00P”功能时有效</td></tr>
<tr><td colspan="4">压缩方法</td></tr>
<tr><td>MJPG</td><td>ALL-I</td><td>IPB</td><td>IPB</td></tr>
<tr><td>当选择MOV格式时可选。不使用任何帧间压缩，一次压缩一个帧并进行记录，因此压缩率低，仅适用于 4K 画质的视频</td><td>当选择MOV格式时可选，一次压缩一个帧进行记录，便于在计算机上编辑</td><td>一次高效地压缩多个帧进行记录。由于文件尺寸比使用ALL-I时更小，在存储空间相同的情况下，可以录制更长时间的视频</td><td>当选择 MP4 格式时可选。由于短片以比使用IPB时更低的比特率进行记录，因而文件尺寸更小，并且可以与更多回放系统兼容</td></tr>
<tr><td>24.00P</td><td colspan="4">选择“启用”选项，将以 24.00 帧 / 秒的帧频录制 4K 超高清、全高清、高清画质的视频</td></tr>
<tr><td>高帧频</td><td colspan="4">选择“启用”选项，可以在高清画质下，以 119.9 帧 / 秒或 100.0 帧 / 秒的高帧频录制短片</td></tr>
</table>

根据存储卡及时长设置视频画质

与不同尺寸、压缩比的照片文件大小不同一样，在录制视频时，如果使用了不同的视频尺寸、帧频和压缩比，视频文件的大小也相去甚远。

因此，在拍摄视频之前一定要预估自己使用的存储卡可以记录的视频时长，以避免在录制视频时，由于要临时更换存储卡，而不得不中断视频录制的尴尬。

在下面的表格中，笔者以 EOS 5D Mark Ⅳ为例，列出了不同视频尺寸、画质和压缩比，在不同容量的存储卡上，可以记录的总时长及该视频每分钟的文件大小。虽然表格中的数据对于佳能相机的其他型号可能并不准确，但也具有一定的参考意义 。

当录制的视频被保存为 MOV 格式时，请参考下方的表格。

短片记录画质		存储卡上可记录的总时间			文件尺寸
		8GB	32GB	128GB	
4K：4K					
29.97P 25.00P 24.00P 23.98P	MJPG	2分钟	8分钟	34分钟	3587MB/分钟
FHD：Full HD					
59.94P 50.00P	ALL-I	5分钟	23分钟	94分钟	1298MB/分钟
59.94P 50.00P	IPB	17分钟	69分钟	277分钟	440MB/分钟
29.97P 25.00P 24.00P 23.98P	ALL-I	11分钟	46分钟	186分钟	654MB/分钟
29.97P 25.00P 24.00P 23.98P	IPB	33分钟	135分钟	541分钟	225MB/分钟
HDR 短片拍摄		33分钟	135分钟	541分钟	225MB/分钟
HD：HD					
119.9P 100.0P	ALL-I	6分钟	26分钟	105分钟	1155MB/分钟

当录制的视频被保存为MP4格式时，请参考下方的表格。

短片记录画质		存储卡上可记录的总时间			文件尺寸
		8GB	32GB	128GB	
FHD：Full HD					
59.94P 50.00P	IPB	17分钟	70分钟	283分钟	431MB/分钟
29.97P 25.00P 24.00P 23.98P	IPB	35分钟	140分钟	563分钟	216MB/分钟
HDR 短片拍摄		35分钟	140分钟	563分钟	216MB/分钟
29.97P 25.00P	IPB	86分钟	347分钟	13691分钟	87MB/分钟

开启并认识实时显示模式

使用佳能相机录制视频时，需要开启实时显示模式。下面针对实时显示的操作及相关参数进行详细讲解。

开启实时显示拍摄功能

以佳能5D Mark Ⅳ 相机为例，要开启实时显示拍摄功能，可先将实时显示拍摄/短片拍摄开关转至📷位置，然后按下START/STOP按钮，即可进行实时显示拍摄了。

拍摄视频需要将实时显示拍摄/短片拍摄开关转至🎥位置，然后按下START/STOP按钮。

实时显示拍摄状态下的信息内容

在实时显示拍摄模式下，屏幕会显示若干参数，了解这些参数的含义，有助于摄影师快速调整相关参数，以提高录制视频的效率、成功率及品质。

如果在屏幕上未显示右图所示参数，可以按INFO键切换屏幕显示信息。

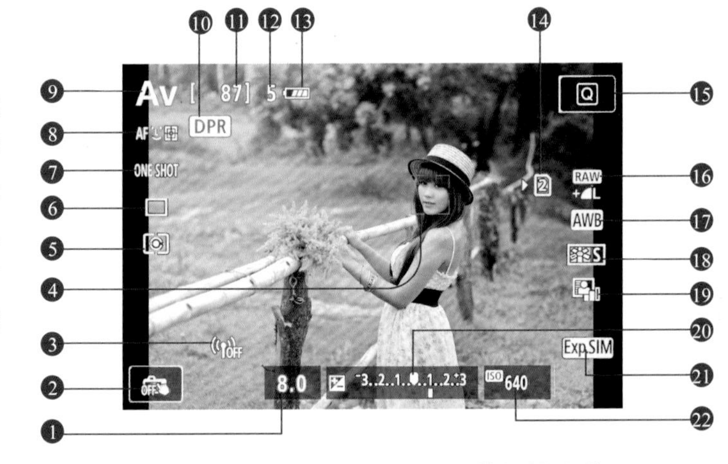

❶ 光圈值
❷ 触摸快门
❸ Wi-Fi功能
❹ 自动对焦点
❺ 测光模式
❻ 驱动模式
❼ 自动对焦模式
❽ 自动对焦区域模式
❾ 拍摄模式
❿ 全像素双核RAW拍摄
⓫ 可拍摄数量/自拍剩余的秒数
⓬ 最大连拍数量
⓭ 电池电量
⓮ 记录/回放存储卡
⓯ 速控按钮
⓰ 图像记录画质
⓱ 白平衡/白平衡校正
⓲ 照片风格
⓳ 自动亮度优化
⓴ 曝光量指示标尺
㉑ 曝光模拟
㉒ ISO感光度

设置视频拍摄模式

与拍摄照片一样，拍摄视频时也可以采用多种不同的曝光模式，如自动曝光模式、光圈优先曝光模式、快门优先曝光模式和全手动曝光模式等。

如果对曝光要素不太理解，可以直接设置为自动曝光或程序自动曝光模式。

如果希望精确地控制画面的亮度，可以将拍摄模式设置为全手动曝光模式。但在这种拍摄模式下，需要摄影师手动控制光圈、快门和感光度 3 个要素，下面分别讲解这 3 个要素的设置思路。

光圈：如果希望拍摄的视频具有电影般的效果，可以将光圈设置得稍微大一点，从而虚化背景，获得浅景深效果；反之，如果希望拍摄出来的视频画面远近都比较清晰，就需要将光圈设置得稍微小一点。

感光度：在设置感光度的时候，主要考虑的是整个场景的光照条件。如果光照不是很充分，可以将感光度设置得稍微大一点；反之，则可以降低感光度，以获得较为优质的画面。

快门速度对视频的影响比较大，下面详细讲解。

理解快门速度对视频的影响

在曝光三要素中，无论是拍摄照片，还是拍摄视频光圈、感光度的作用都是一样的，但唯独快门速度对视频录制有着特殊的意义，因此值得详细讲解。

根据帧频确定快门速度

从视频效果来看，大量摄影师总结出来的经验是应该将快门速度设置为帧频2倍的倒数。此时录制的视频中运动物体的表现是最符合肉眼观察效果的。

比如，视频的帧频为 25P，那么应将快门速度设置为 1/50 秒（25 乘以 2 等于 50，再取倒数，为 1/50）。同理，如果帧频为 50P，则应将快门速度设置为 1/100 秒。

但这并不是说，在录制视频时，快门速度只能保持不变。在一些特殊情况下，当需要利用快门速度调节画面亮度时，在一定范围内进行调整是没有问题的。

快门速度对视频效果的影响

1. 拍摄视频的最低快门速度

当需要降低快门速度提高画面亮度时，快门速度不能低于帧频的倒数。比如，当帧频为 25P 时，快门速度不能低于 1/25 秒。而事实上，也无法设置比 1/25 秒还低的快门速度，因为在录制视频时佳能相机会自动锁定帧频倒数为最低快门速度。

在昏暗的环境下录制视频时，可以适当降低快门速度以保证画面亮度

2.拍摄视频的最高快门速度

当需要提高快门速度降低画面亮度时，其实对快门速度的上限是没有硬性要求的。但若快门速度过高，由于每一个动作都会被清晰定格，从而导致画面看起来很不自然，甚至会出现失真的情况。

造成这一结果是因为人的眼睛是有视觉时滞的，也就是当人们看到高速运动的景物时，景物会出现动态模糊的效果。而当使用过高的快门速度录制视频时，运动模糊效果消失了，取而代之的是清晰的影像。比如，在录制一些高速奔跑的景象时，由于双腿每次摆动的画面都是清晰的，就会看到很多只腿，也就导致了画面失真、不正常的情况。

因此，建议大家在录制视频时，快门速度最好不要高于最佳快门速度的两倍。

电影画面中的人物进行速度较快的移动时，画面中出现动态模糊效果是正常的

拍摄帧频视频时推荐的快门速度

上面对快门速度对视频的影响进行了理论性讲解，这些理论可以总结成为下面展示的一个比较简单的表格。

<table>
<tr><th rowspan="3">帧频</th><th colspan="3">快门速度</th></tr>
<tr><th rowspan="2">普通短片拍摄</th><th colspan="2">HDR 短片拍摄</th></tr>
<tr><th>P、Av、B、M 模式</th><th>Tv 模式</th></tr>
<tr><td>119.9P</td><td>1/4000~1/125</td><td colspan="2" rowspan="4">-</td></tr>
<tr><td>100.0P</td><td>1/4000~1/100</td></tr>
<tr><td>59.94P</td><td>1/4000~1/60</td></tr>
<tr><td>50.00P</td><td>1/4000~1/50</td></tr>
<tr><td>29.97P</td><td>1/4000~1/30</td><td>1/1000~1/60</td><td>1/4000~1/60</td></tr>
<tr><td>25.00P</td><td rowspan="3">1/4000~1/25</td><td>1/1000~1/50</td><td>1/4000~1/50</td></tr>
<tr><td>24.00P</td><td colspan="2" rowspan="2">-</td></tr>
<tr><td>23.98P</td></tr>
</table>

开启视频拍摄自动对焦模式

佳能最近这几年发布的相机均具有视频自动对焦模式，即当视频中的对象移动时，相机能够自动对其进行跟焦，以确保被拍摄对象在视频中的影像是清晰的。

但此功能需要通过“短片伺服自动对焦”菜单来开启。下面以佳能 5D4 为例，讲解其开启方法。

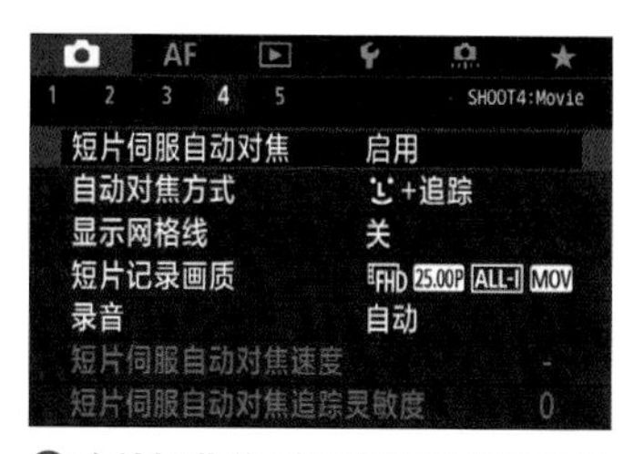

❶ 在**拍摄菜单4**中选择**短片伺服自动对焦**选项

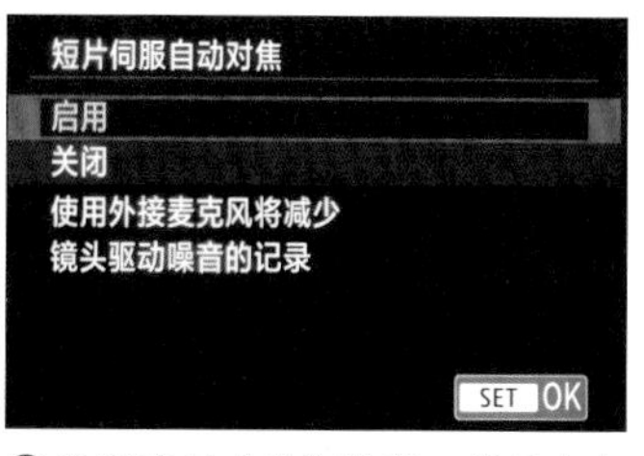

❷ 选择**启用**或**关闭**选项，然后点击 SET OK 图标确定

提示：该功能在搭配某些镜头使用时，发出的对焦声音有可能被采集到视频中。如果发生这种情况，建议外接指向性麦克风解决该问题。

将“短片伺服自动对焦”设为“启用”，即可使相机在拍摄视频期间，即使不半按快门，也能根据被摄对象的移动状态不断调整对焦，以保证始终对被摄对象进行对焦。

但在使用该功能时，相机的自动对焦系统会持续工作。当不需要跟焦被摄对象，或者将对焦点锁定在某个位置时，即可通过按下赋予了“暂停短片伺服自动对焦”功能的自定义按键来暂停该功能。

通过上面的图片可以看出来，笔者拿着红色玩具小车以不规则的方式运动时，相机是能够准确跟焦的。

如果将“短片伺服自动对焦”设为“关闭”，那么只有通过半按快门、按下相机背面的 AF-ON 按钮或在屏幕上单击对象的时候，才能够进行对焦。

例如，在右图中，第 1 次对焦于左上方的安全路障，如果不再次单击其他位置，对焦点会一直锁定在左上方的安全路障，单击右下方的篮球焦点后，焦点会重新对焦在篮球上。

设置视频对焦模式

选择对焦模式

在拍摄视频时，有两种对焦模式可选择，一种是ONE SHOT单次自动对焦，另一种是SERVO伺服自动对焦。

ONESHOT单次自动对焦模式适合拍摄静止的被摄对象，当半按快门按钮时，相机只实现一次对焦，合焦后，自动对焦点将变为绿色。SERVO伺服自动对焦模式适合拍摄移动的被摄对象，只要保持半按快门按钮，相机就会对被摄对象持续对焦，合焦后，自动对焦点为蓝色。

在使用这种模式时，如果配合使用下方将要讲解的"ὑ+追踪""自由移动AF( )"对焦方式，只要对焦框能跟踪并覆盖被摄对象，相机就能够持续对焦。

○ 设置自动对焦模式

选择自动对焦方式

除非以固定机位拍摄风光、建筑等静止的对象，否则，拍摄视频时的对焦模式都应该选择SERVO伺服自动对焦。此时，可以根据要选择的对象或对焦需求，选择3种不同的自动对焦方式。在实时取景状态下按下Q按钮，点击左上角的自动对焦方式图标，然后在屏幕下方点击所需要的选项。

○ 在速控屏幕中点击AF图标（+追踪）的状态

○ 在速控屏幕中点击AF( )图标（自由移动多点）的状态

○ 在速控屏幕中点击AF □图标（自由移动1点）的状态

按下面展示的操作方法也可以切换不同的自动对焦模式，下面详解不同模式的含义。

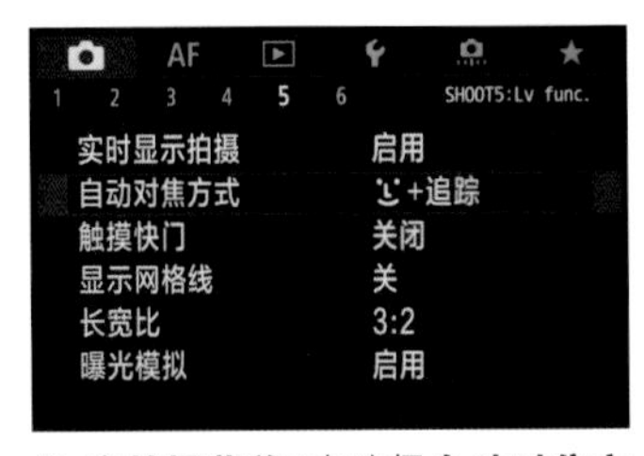

❶ 在**拍摄菜单5**中选择**自动对焦方式**选项

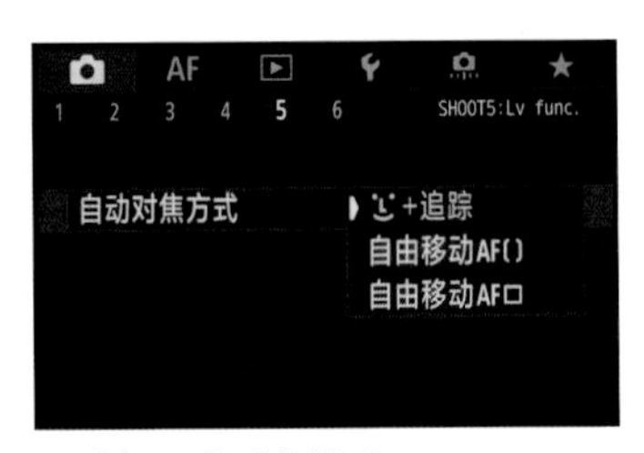

❷ 选择一种对焦模式

提示：由于Canon EOS 5D Mark Ⅳ的液晶监视器可以触摸操作，因此在选择对焦区域时，也可以直接点击液晶监视器屏幕选择对焦位置。

1. ☺ + 追踪

在此模式下，相机优先对被摄人物的脸部进行对焦，即使在拍摄过程中被摄人物的面部发生了移动，自动对焦点也会移动以追踪面部。当相机检测到人的面部时，会在要对焦的脸上出现[ ]自动对焦点。如果检测到多个面部，将显示〈 〉，使用多功能控制钮※将〈 〉框移动到目标面部上即可。如果没有检测到面部，相机会切换到自由移动 1 点模式。

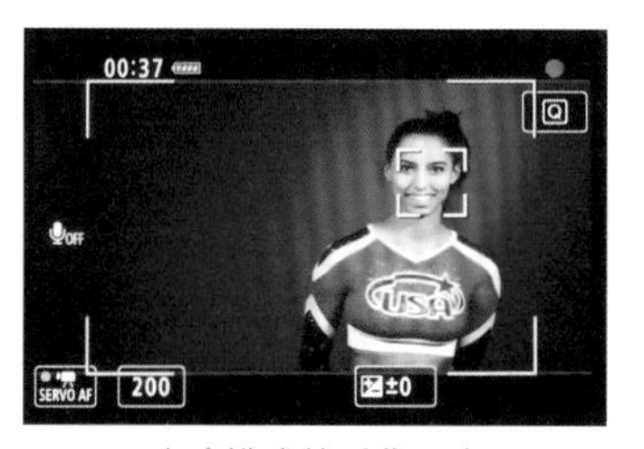

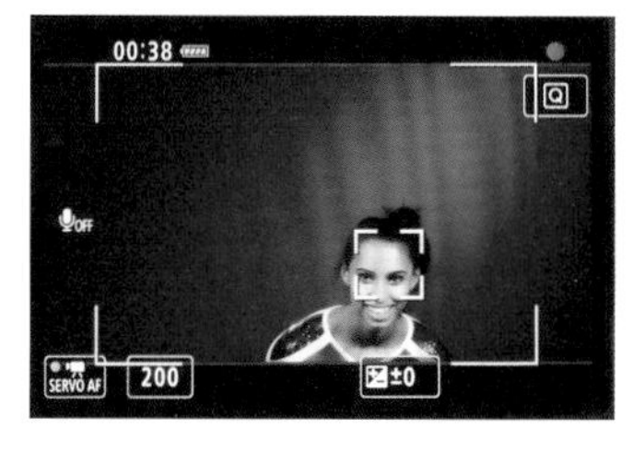

○ ☺ + 追踪模式的对焦示意

2. 自由移动 AF ( )

在此模式下，相机可以采用两种模式对焦，一种是以最多 63 个自动对焦点对焦，这种对焦模式能够覆盖较大区域；另一种是将液晶监视器分割成为 9 个区域，摄影师可以使用多功能控制钮※选择某一个区域进行对焦，也可以直接在屏幕上通过点击不同的位置来进行对焦。默认情况下相机自动选择前者。用户可以按下※或 SET 按钮，在这两种对焦模式间切换。

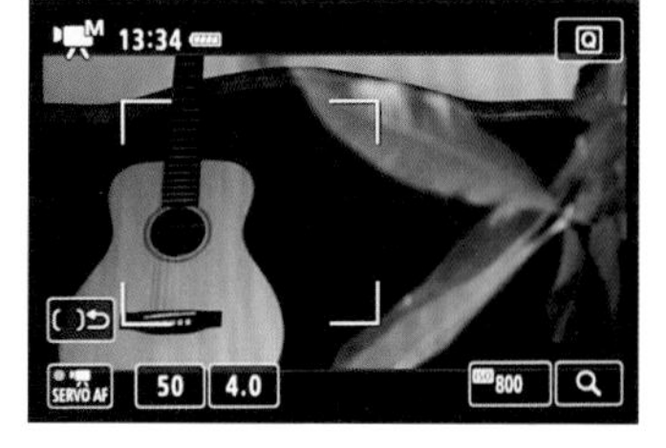

○ 自由移动 AF ( )模式的对焦示意

3. 自由移动 AF □

在此模式下，液晶监视器上只显示一个自动对焦点，使用多功能控制钮※将该自动对焦点移至要对焦的位置，当自动对焦点对准被摄对象时半按快门即可。用户也可以直接在屏幕上通过点击不同的位置来进行对焦。如果自动对焦点变为绿色并发出提示音，表明合焦正确；如果没有合焦，对焦点以橙色显示。

○ 自由移动 AF □模式的对焦示意

设置视频自动对焦灵敏度

短片伺服自动对焦追踪灵敏度

当录制短片时，在使用了短片伺服自动对焦功能的情况下，可以在“短片伺服自动对焦追踪灵敏度”菜单中设置自动对焦追踪灵敏度。

对焦追踪灵敏度有 7 个等级，如果设置为偏向灵敏端的数值，那么当被摄对象偏离自动对焦点时，或者有障碍物从自动对焦点面前经过时，那么自动对焦点会对焦其他物体或障碍物。

而如果设置偏向锁定端的数值，则自动对焦点会锁定被摄对象，不会轻易对焦到别的位置或其他物体。

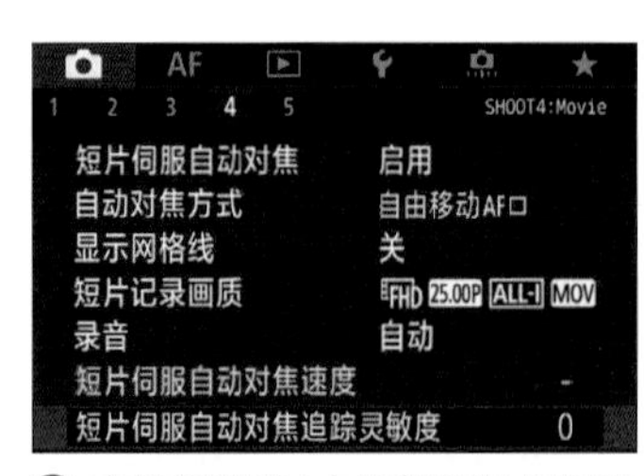

❶ 在**拍摄菜单4**中选择**短片伺服自动对焦追踪灵敏度**选项

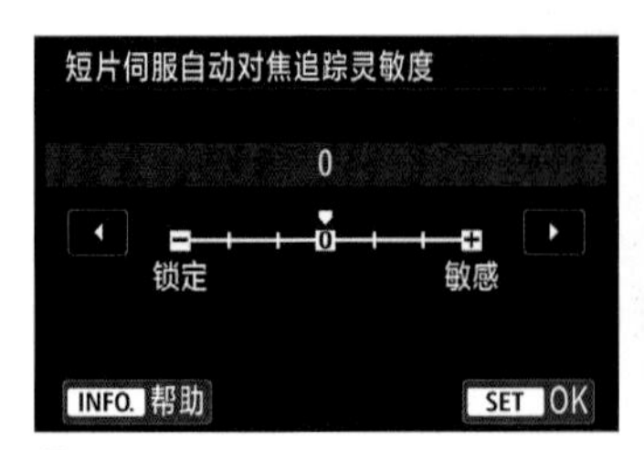

❷ 点击◀或▶图标选择所需的灵敏度等级，然后点击SET OK图标确定

■ 锁定（-3/-2/-1）：偏向锁定端，可以使相机在自动对焦点丢失原始被摄对象的情况下，也不太可能追踪其他被摄对象。设置的负数值越低，相机追踪其他被摄对象的概率越小。这样的设置，可以在摇摄期间或有障碍物经过自动对焦点时，防止自动对焦点立即追踪非被摄对象的其他物体。

■ 敏感（+1/+2/+3）：偏向敏感端，可以使相机在追踪覆盖自动对焦点的被摄对象时更敏感。设置的数值越高，则对焦越敏感。这样的设置，适用于想要持续追踪与相机之间的距离发生变化的运动被摄对象，或者要快速对焦其他被摄对象的录制场景。

○ 摩托车手短暂地被其他的摄影师遮挡

例如，在上图中，摩托车手短暂地被其他的摄影师遮挡，此时如果对焦灵敏度过高，焦点就会落在其他摄影师身上，而无法跟随摩托车手，因此这个参数一定要根据当时的拍摄情况来灵活设置。

短片伺服自动对焦速度

当启用“短片伺服自动对焦”功能，并且自动对焦方式为“自由移动1点”时，可以在“短片伺服自动对焦速度”菜单中设定在录制短片时，短片伺服自动对焦功能的对焦速度和应用条件。

- ■启用条件：选择“始终开启”选项，那么在“自动对焦速度”选项中的设置，将在拍摄短片之前和在拍摄短片期间都有效。选择“拍摄期间”选项，那么在“自动对焦速度”选项中的设置仅在拍摄短片期间生效。
- ■自动对焦速度：可以将自动对焦转变速度从标准速度调整为“慢”（七个等级之一）或“快”（两个等级之一），以获得所需的短片效果。

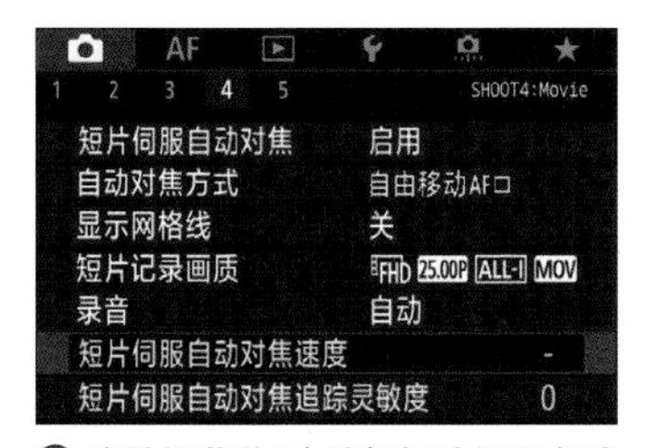

❶ 在**拍摄菜单4**中选择**短片伺服自动对焦**选项

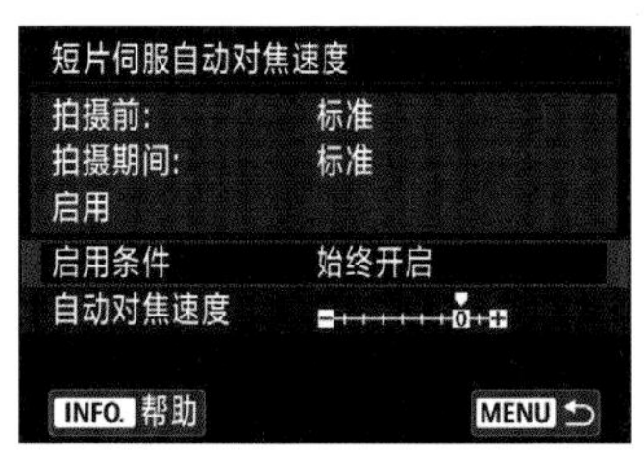

❷ 点击**启用条件**或**自动对焦速度**选项

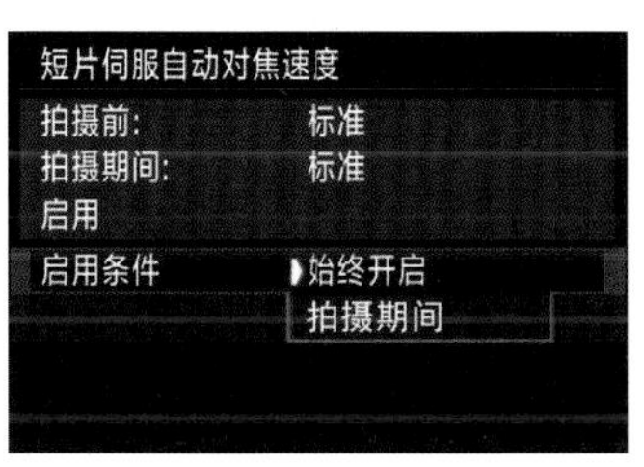

❸ 点击**始终开启**或**拍摄期间**选项

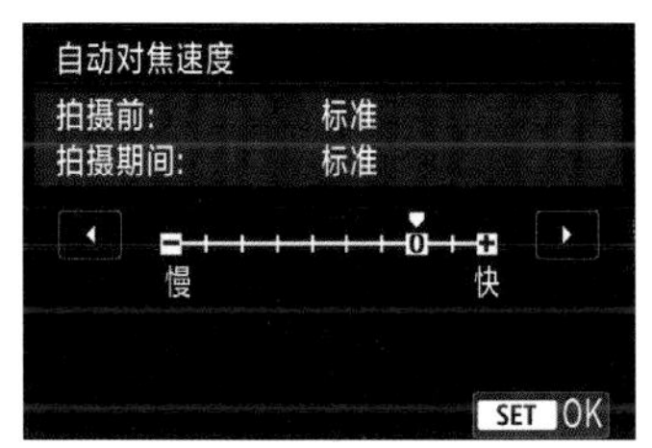

❹ 点击◀或▶图标切换对焦的速度，然后点击SET OK图标确定

提示：“自动对焦速度”并不是越快越好。当需要变换对焦主体时，为了让焦点的转移更自然、更柔和，往往需要画面中出现由模糊到清晰的过程，此时就需要设置较慢的自动对焦速度来实现。

○ 拍摄有前景及背景的谈话场景时，当焦点从前景切换至背景，或者从背景切换至前景时，焦点的转换速度可以通过“短片伺服自动对焦速度”菜单进行控制

设置录音参数并监听现场音

使用相机内置的麦克风可录制单声道声音。通过将带有立体声微型插头（直径为 3.5mm）的外接麦克风连接至相机，则可以录制立体声。配合“录音”菜单中的参数设置，可以实现多样化的录音控制。

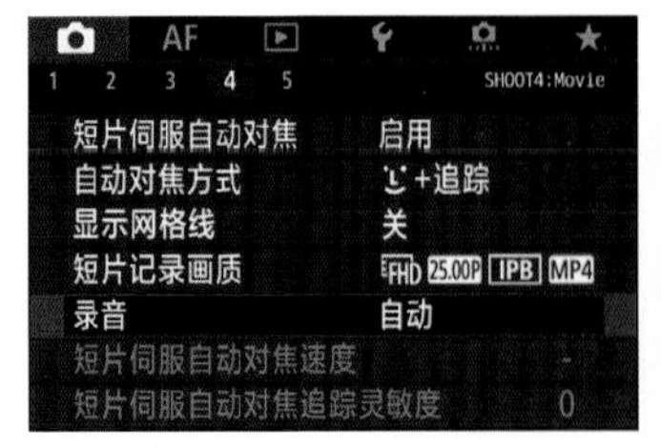

❶ 在**拍摄菜单4**中选择**录音**选项

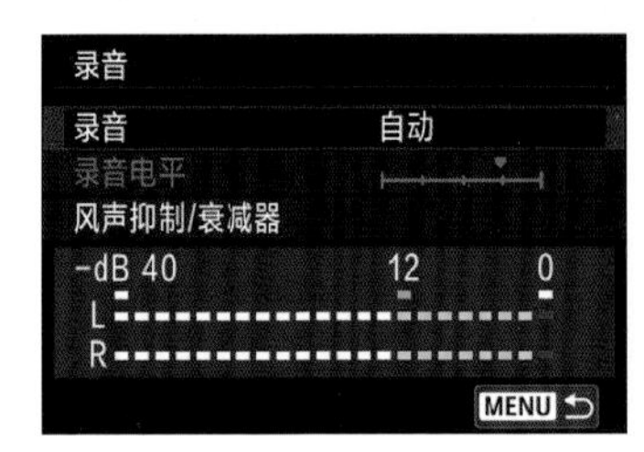

❷ 点击可选择不同的选项，即可进入修改参数界面

录音 / 录音电平

选择“自动”选项，相机将会自动调节录音音量；选择“手动”选项，则可以在“录音电平”界面中将录音音量的电平调节为 64 个等级之一，适用于高级用户；选择“关闭”选项，相机将不会记录声音。

风声抑制 / 衰减器

将“风声抑制”设置为“启用”，则可以降低户外录音时的风声噪声，包括某些低音调噪声（此功能只对内置麦克风有效）；当在无风的场所录制时，建议选择“关闭”选项，以便能录制到更加自然的声音。

在拍摄前，即使将“录音”设定为“自动”或“手动”，如果有非常大的声音，仍然可能导致声音失真。在这种情况下，建议将“衰减器”设为“启用”。

监听视频声音

在录制保留现场声音的视频时，监听视频声音非常重要，而且这种监听需要持续整个录制过程。

因为在使用收音设备时，有可能因为没有更换电池，或者其他未知因素，导致现场声音没有被录入视频。

有时，现场可能有很低的噪声，确认这种声音是否会被录入视频的方法就是在录制时监听。另外，也可以通过回放来核实。

通过将配备有 3.5mm 直径微型插头的耳机连接到相机的耳机端子上，即可在拍摄短片期间听到声音。

○ 耳机端子

如果使用的是外接立体声麦克风，可以听到立体声声音。要调整耳机的音量，按Q按钮并选择🎧，然后转动◎调节音量。

注意：如果要对视频进行专业的后期处理，那么现场即使有均衡的低噪声也不必过于担心，因为后期软件可以轻松地将这样的噪声去除。

设置时间码参数

利用“时间码”功能，可以让相机在拍摄视频期间自动同步记录时间，包括记录小时、分钟、秒钟和帧的信息，这些信息主要在编辑短片期阶段使用。

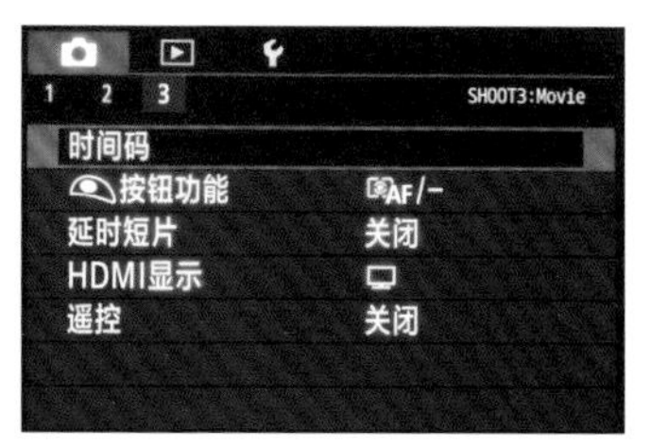

❶ 在**拍摄菜单3**中选择**时间码**选项

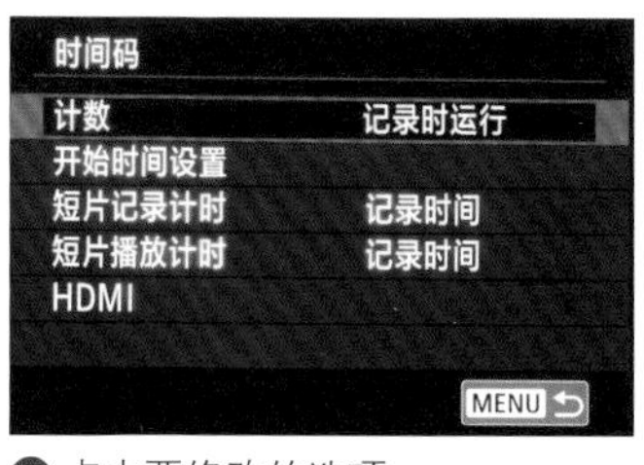

❷ 点击要修改的选项

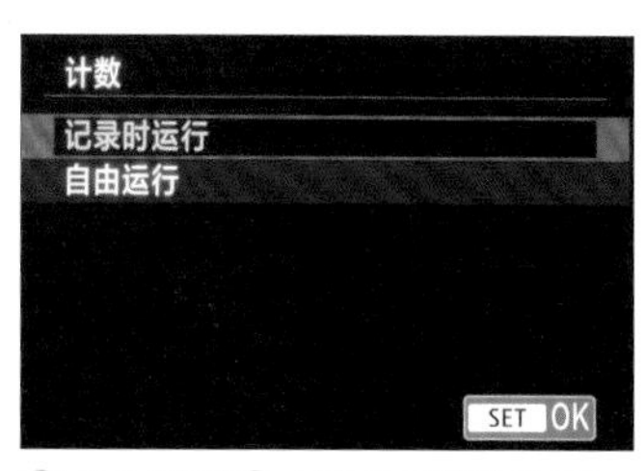

❸ 若在步骤❷中选择了**计数**选项，可选择**记录时运行**或**自由运行**选项

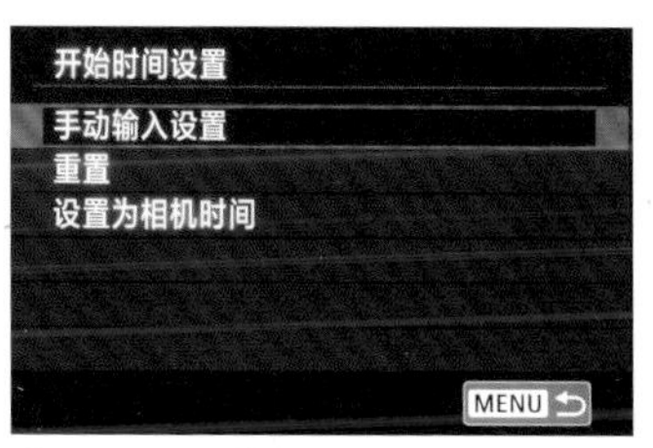

❹ 若在步骤❷中选择了**开始时间设置**选项，可在此选择所需的选项

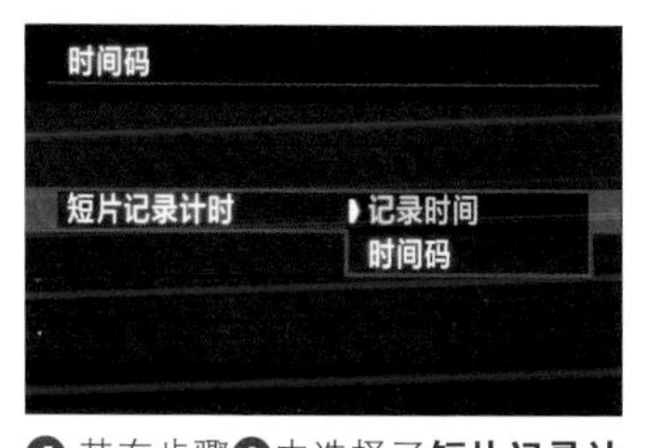

❺ 若在步骤❷中选择了**短片记录计时**选项，在此可以选择**记录时间**或**时间码**选项

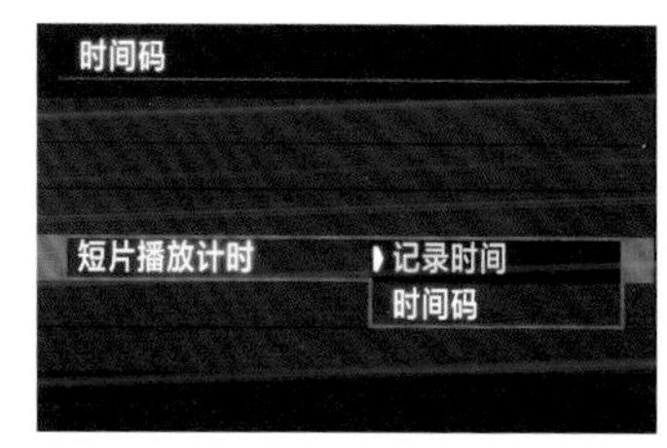

❻ 若在步骤❷中选择了**短片播放计时**选项，在此可以选择**记录时间**或**时间码**选项

❼ 若在步骤❷中选择了**HDMI**选项，在此可以选择**开**或**关**选项

■ 计数：选择“记录时运行”选项，时间码只会在拍摄视频期间计时；若选择“自由运行”选项，则无论是否拍摄视频，都会计数时间码。

■ 开始时间设置：用于设定时间码的开始时间。选择“手动输入设置”选项，可以自由设定小时、分钟、秒钟和帧；选择“重置”选项，则会将“手动输入设置”和“设置为相机时间”设定的时间恢复为00:00:00；选择“设置为相机时间”选项，则设置与相机内置时钟一样的时间，但不会记录“帧”。

■ 短片记录计时：可以选择在拍摄短片时屏幕上显示的内容。选择“记录时间”选项，则显示从开始拍摄视频起经过的时间；选择“时间码”选项，则显示拍摄视频期间的时间。

■ 短片播放计时：可以选择在回放短片时屏幕上显示的内容。选择“记录时间”选项，则在视频回放期间显示记录时间和回放时间；选择“时间码”选项，则在视频回放期间显示时间码。

■ HDMI：用于设置当通过HDMI输出短片时是否添加时间码。

录制表现花开花谢过程的延时短片

延时短片第一次以全民瞩目的形式被多数人认识，可能是2020年疫情期间的火神山医院建设工程，长达100多个小时不眠不休的建设过程，被压缩在两分钟视频中，不仅让亿万国人认识到我国强大的资源调动能力、工程建设能力，更起到了提振国民信心的作用。

虽然现在新款手机普遍具有拍摄延时视频的功能，但可控参数较少、画质不高，因此如果要拍摄更专业的延时短片，还是需要使用相机。

下面以佳能5D4为例，讲解如何利用“延时短片”功能拍摄一段无声的视频短片。

- 间隔：可在“00:00:01”至“99:59:59”之间，设定拍摄每两张照片之间的间隔时间。例如，00:56:03即每隔56分3秒拍摄一张照片。
- 张数：可在“0002”至“3600”之间设定拍摄张数。如果设定为3600，NTSC模式下生成的延时短片将约为两分钟，PAL模式下生成的延时短片将约为2分24秒。

完成设置后，相机会显示按拍摄预计需要拍多长时间，以及按当前制式放映时长。

如果录制的延时场景时间跨度较大，例如持续几天，则“间隔”值可以适当加大。

如果希望拍摄延时视频时景物变化细腻一些，则可以加大拍摄“张数”值。

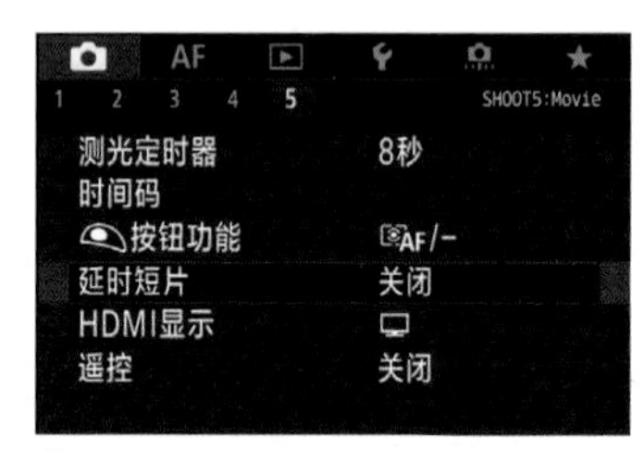

❶ 在**拍摄菜单5**中选择**延时短片**选项

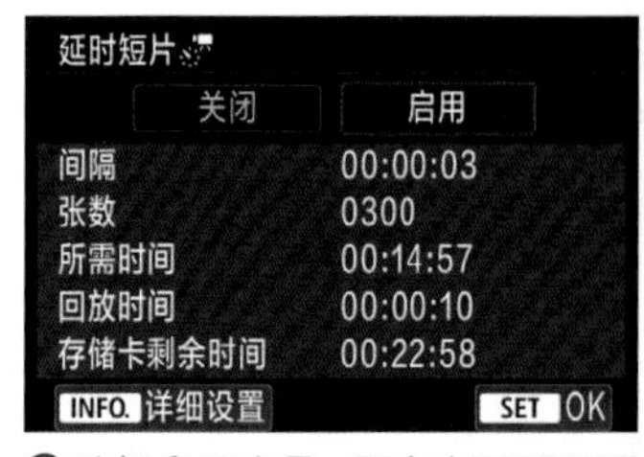

❷ 选择**启用**选项，再点击INFO. 详细设置图标进入调节间隔/张数设置界面

❸ 选择间隔或张数的数字框，然后点击▲或▼图标选择所需的间隔时间或张数

❹ 设置完成后，显示预计拍摄时长及放映时长，点击**确定**按钮

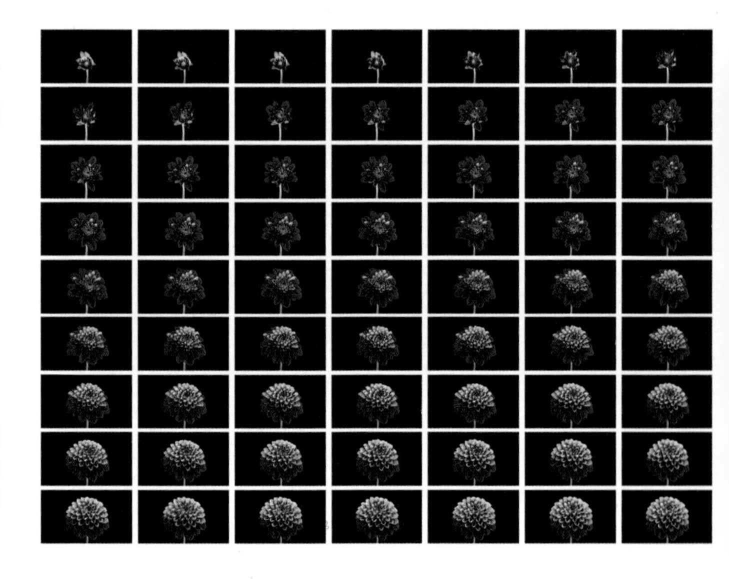

○ 这组图是从视频中截取的。利用“延时短片”功能，将鲜花绽放的过程在极短的时间内展示出来，极具视觉震撼力

录制高帧频慢动作视频短片

让视频短片的视觉效果更丰富的方法之一，是调整视频的播放速度，使其加速或减速，形成快放或慢动作效果。加速视频的方法很简单，通过后期处理将1分钟的视频压缩在10秒内播放完毕即可，基本上后期视频处理软件均有此功能。

而要获得高质量慢动作视频效果，则需要在前期录制高帧频视频。例如，在默认情况下，如果以25帧/秒的帧频录制视频，1秒只能录制25帧画面，回放时也是1秒。

但如果以 100 帧 / 秒的帧频录制视频，1 秒则可以录制 100 帧画面，所以当以常规 25 帧 / 秒的速度播放视频时，1 秒内录制的动作则呈现为 4 秒，成为电影中常见的慢动作效果。这种视频效果特别适合表现那些重要的瞬间或高速运动的拍摄题材，如飞溅的浪花、腾空的摩托车和起飞的鸟儿等。

虽然现在也有一些不错的后期处理软件，可以通过软件插值，将 1 秒 25 帧的视频画面拆分开，并在每两帧画面之前生成若干帧过渡画面，从而模拟出慢动作效果，但从最终成片的效果来看，仍然存在不够逼真，略显卡顿的现象，所以最好的方法仍然是前期拍摄。

下面以 EOS 5D Mark Ⅳ相机为例，讲解拍摄慢动作视频的方法，其他相机操作基本与此类似。

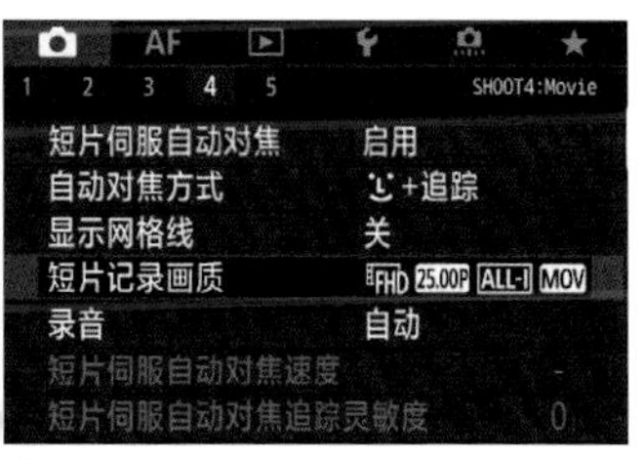

❶在**拍摄菜单4**中选择**短片记录画质**选项

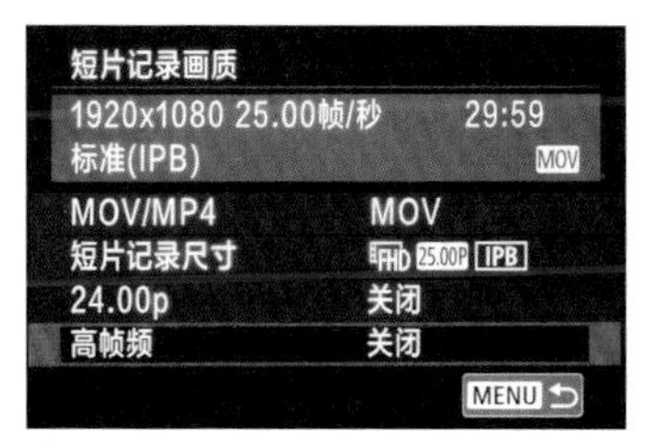

❷选择**高帧频**选项

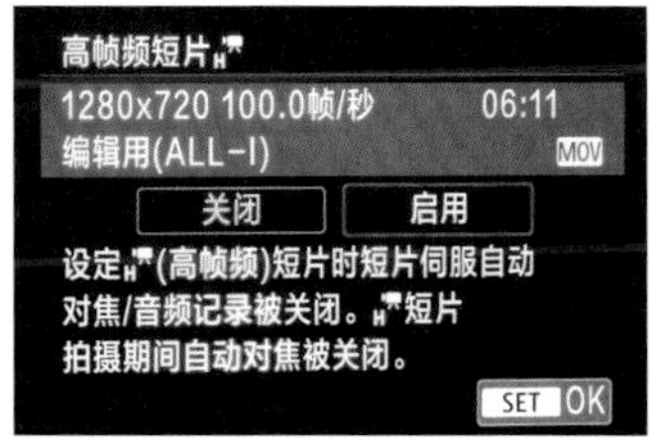

❸选择**启用**选项，然后点击SET OK图标确定

提示：在高帧频录制模式下，无法使用短片伺服自动对焦模式。在拍摄期间，自动对焦也不会起作用，且无法记录声音。另外，要注意使用高速存储卡，以避免掉帧。

第9章

人像、风光、动物、建筑、星轨等题材实战拍摄技巧

7 步拍出逆光小清新人像

小清新人像以高雅、唯美为特点，表现出了一些年轻人的审美情趣，属于热门人像摄影风格。当小清新碰上逆光，会让画面显得更加唯美，不少户外婚纱照及写真都属于这类风格。

逆光小清新人像的拍摄要点主要有：模特的造型、服装搭配；拍摄环境的选择；拍摄时机的选择；准确测光。掌握这几个要点就能轻松拍好逆光小清新人像，下面进行详细讲解。

1. 选择淡雅的服装

选择颜色淡雅、质地轻薄、带点层次的服饰，同时还要注意鞋子、项链和帽子等配饰的搭配。模特以淡妆为宜，发型则以表现出清纯、活力的一面为主。总之，以能展现少女风为原则。

2. 选择合适的拍摄地点

选择如公园花丛、树林、草地、海边等较清新、自然的环境作为拍摄地点。在拍摄时可以利用花朵、树叶、水的色彩来营造小清新感。

3. 选择拍摄时机

一般逆光拍小清新人像的最佳时间是夏天下午四点半到六点半，以及冬天下午三点半到五点，这些时间段的光线比较柔和，能够拍出干净、柔和的画面。同时，还要注意空气的通透度，如果是雾蒙蒙的，则拍摄出来的效果不佳。

以绿草地为背景，侧逆光，照在模特身上，形成唯美的轮廓光。模特坐在草地上，撩起一缕头头轻轻地吹，画面非常简洁、自然

下午早些时候拍的画面，色彩非常小清新，色调不会偏向暖且又有逆光的唯美氛围

4. 构图

在构图时，注意选择简洁的背景，背景中不要出现杂乱的物体，并且背景中的颜色也不要太多，不然会显得太乱。

树林、花丛不仅可以用作背景，也可以用作前景，通过虚化来增强画面的唯美感。

5. 设置曝光参数

将拍摄模式设置为光圈优先模式，设置光圈值为 F1.8~F4，以获得虚化的背景，将感光度设置为 ISO100~ISO200，以获得高质量的画面。

6. 对人物补光及测光

在逆光拍摄时，人物会显得较暗，此时需要使用银色反光板，将其摆在人物的斜上方，对人脸进行补光（如果是暖色的夕阳光，则使用金色反光板），以降低人脸与背景的反差。

将测光模式设置为中央重点平均测光模式，靠近模特或将镜头拉近，以脸部皮肤为测光区域半按快门进行测光，得到数据后按下曝光锁定按钮锁定曝光。

7. 重新构图并拍摄

在保持按下曝光锁定按钮的情况下，通过改变拍摄距离或焦距重新构图，并对准人物半按快门对焦，对焦成功后按下快门进行拍摄。

提示：建议使用RAW格式存储照片，这样即使在曝光方面不太理想，也可以很方便地通过后期处理进行优化。

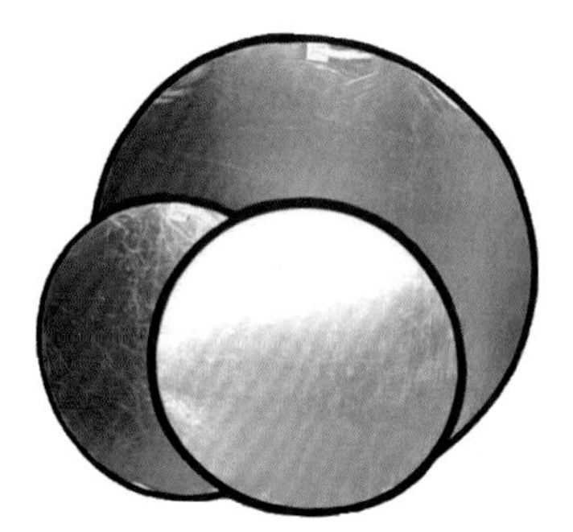

金色和银色反光板

选择光圈优先模式

设置光圈值

选择中央重点平均测光模式

按下曝光锁定按钮锁定曝光

模特拽着栏网，身体稍微向后倾，微笑着看向镜头，在侧逆光光线下，画面显得阳光和活泼

6 步在日落时拍好人像

不少摄影爱好者都喜欢在日落时分拍摄人像，却很少有人能够拍好。日落时分拍摄人像主要会拍成两种效果，一种是人像剪影，另一种是人物与天空都曝光合适的画面，下面介绍详细拍摄步骤。

1. 选择纯净的拍摄环境

拍摄日落人像照片，应选择空旷无杂物的环境，取景时避免天空或画面中出现杂物，这一点对拍摄剪影人像尤为重要。

2. 使用光圈优先模式，设置小光圈拍摄

将相机的拍摄模式设置为光圈优先模式，并设置光圈值为 F5.6~F10。

○ 选择光圈优先模式

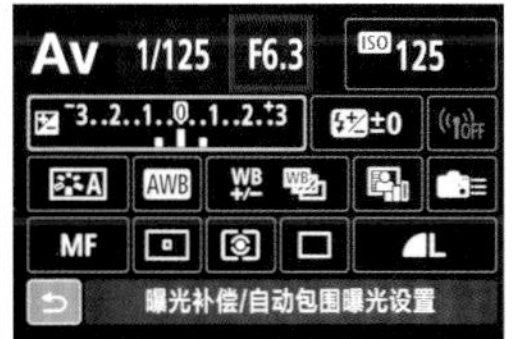

○ 设置光圈值

3. 设置低感光度

日落时分，天空中的光线强度足够满足画面曝光需求，因此将感光度设置在 ISO100~ISO200 即可，以获得高质量的画面。

4. 设置点测光模式

不管是拍摄剪影人像效果，还是人、景曝光都合适的画面，均使用点测光模式进行测光。以佳能相机的点测光圈对准夕阳旁边的天空测光（拍摄人、景曝光都合适的，需要在关闭闪光灯的情况下测光），然后按下曝光锁按钮锁定画面曝光。

○ 按下曝光锁定按钮锁定曝光

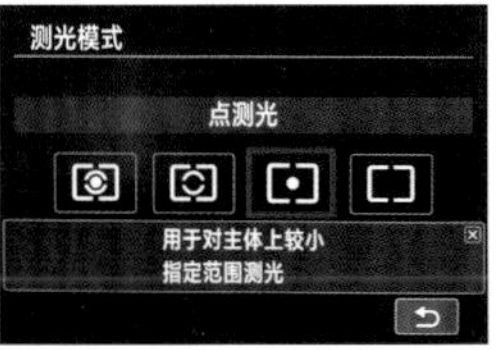

○ 选择点测光模式

○ 针对天空进行测光，将前景的舞者处理成剪影效果，在简洁的天空衬托下舞者非常突出，展现出了其身姿之美

5. 重新构图并拍摄

如果拍摄人物剪影效果，可以在保持按下曝光锁定按钮的情况下，通过改变焦距或拍摄距离重新构图，并对人物半按快门对焦，对焦成功后按下快门进行拍摄。

6. 对人物补光并拍摄

如果拍摄人物和景物曝光都合适的画面效果，在测光并按下曝光锁定按钮后，重新构图并打开外置闪光灯，设置为高速同步闪光模式，半按快门对焦，最后完全按下快门进行补光拍摄。

穿着飘逸服饰的女孩与海边日落场景很搭

提示：对人物补光并拍摄时，需要使用支持闪光同步功能的外置闪光灯拍摄。因为对天空测光所得的快门速度必然会高于相机内置闪光灯或普通闪光灯的同步速度。

如果购有外置闪光灯柔光罩，则在拍摄时将柔光罩安装上，以柔化闪光效果。

拍摄香车美女场景时，以日落时的天空为背景，画面漂亮又大气

9步拍好夜景人像

也许不少摄影初学者在提到夜间人像的拍摄时，首先想到的就是使用闪光灯。没错，夜景人像的确需要使用闪光灯，但也不是仅仅使用闪光灯那么简单，要拍好夜景人像还得掌握一定的技巧。

○ 佳能大光圈定焦镜头

○ 相机安装上外置闪光灯后示例

1. 拍摄器材与注意事项

拍摄夜景人像照片，在器材方面可以按照下面所讲的进行准备。

❶镜头：适合使用大光圈定焦镜头拍摄，大光圈镜头的进光量多，在手持拍摄时，比较容易达到安全快门速度。另外，使用大光圈镜头能够拍出唯美虚化的背景效果。

❷ 三脚架：由于快门速度较慢，必须使用三脚架稳定相机拍摄。

❸ 快门线或遥控器：建议使用快门线或遥控器释放快门拍摄，避免手指按下快门按钮时相机震动而使画面模糊。

❹ 外置闪光灯：能够对画面进行补光拍摄，相比内置闪光灯，可以进行更灵活的布光。

❺ 柔光罩：将柔光罩安装在外置闪光灯上，可以让闪光光线变得柔和，以拍出柔和的人像照片。

❻ 在服饰方面，模特应避免穿着深色的服装，不然人物容易与环境融为一体，使画面效果不佳。

○ 外置闪光灯的柔光罩

○ 虽然使用大光圈将背景虚化，可以很好地突出人物主体，但由于人物穿的是黑色服装，很容易融进暗夜里

200mm F2.8 1/160s ISO100

○ 使用闪光灯拍摄夜景人像时，设置了较低的快门速度，得到的画面背景变亮，看起来更美观

2. 选择适合的拍摄地点

应选择环境较亮的地方，这样拍摄出来的夜景人像，夜景的氛围会比较明显。

如果拍摄以环境光补光的夜景人像照片，则可选择有路灯、大型的广告灯箱、商场橱窗等地点，通过这些物体发出的光亮来对模特脸部补光。

3. 选择光圈优先模式并使用大光圈拍摄

将拍摄模式设置为光圈优先模式，并设置光圈值为 F1.2~F4 的大光圈，以虚化背景，这样夜幕下的灯光可以形成唯美的光斑效果。

4. 设置感光度

如果利用环境灯光对模特补光的话，通常需要提高感光度，来使画面获得标准曝光和达到安全快门。建议将感光度设置在 ISO400~ISO1600 之间（高感较好的相机可以适当提高感光度。此取值范围基于手持拍摄，使用三脚架拍摄时可适当降低）。

如果拍摄闪光夜景人像，将感光度设置在 ISO100~ISO200 范围内即可，以获得较慢的快门速度（如果测光后得到的快门速度低于 1 秒，则要提高感光度了）。

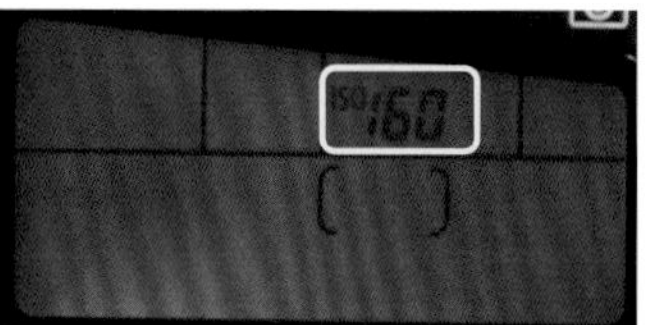

设置感光度

5. 设置测光模式

如果拍摄利用环境光补光的夜景人像，适合使用中央重点平均测光模式，对人脸半按快门进行测光。

如果拍摄闪光夜景人像，则使用评价测光模式，对画面整体进行测光。

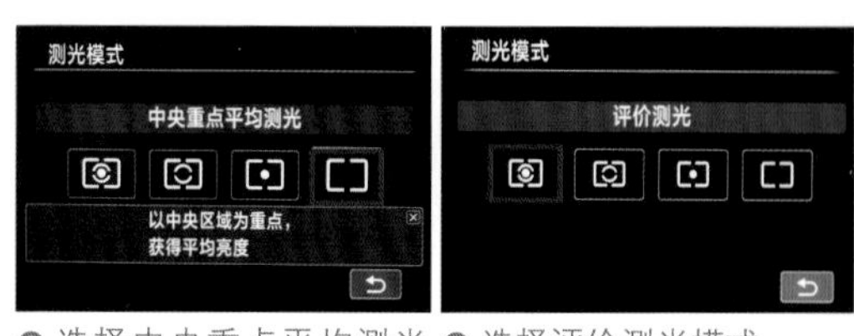

选择中央重点平均测光模式　选择评价测光模式

用中央重点测光模式对人脸进行测光，人物面部得到准确曝光

6. 设置闪光同步模式

将相机的闪光模式设置为慢速闪光同步的模式，以使人物与环境都得到合适的曝光（设置为前帘同步或后帘同步模式）。

○ 佳能相机设置快门同步菜单界面

○ 用前帘同步闪光模式拍摄，运动中的人物前方出现重影，给观者一种后退的错觉

7. 设置闪光控制模式

如果拍摄闪光夜景人像，则需要在闪光灯控制菜单中，将闪光控制模式设置为 ETTL。

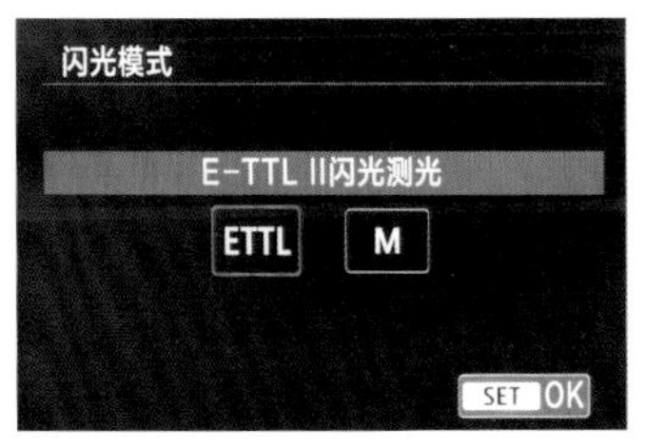

○ 设置闪光模式菜单界面

○ 在拍摄夜景人像时，以较高的快门速度使用闪光灯对人物补光，虽然人物还原正常，但背景却显得比较黑

○ 用后帘同步闪光模式拍摄，可以使背景模糊而人物清晰，由于运动生成的光线在实像的后面拖尾，看上去更真实自然

8. 设置对焦和对焦区域模式

将对焦模式设置为单次自动对焦模式，将自动对焦区域模式设置为单点，在拍摄时使用单个自动对焦点对人物眼睛进行对焦。

9. 设置曝光补偿或闪光补偿

设定好前面的一切参数后，可以试拍一张，然后查看曝光效果，通常需要再进行曝光补偿或闪光补偿操作。

在拍摄利用环境光补光的夜景人像照片时，一般需要再适当增加0.3EV~0.5EV的曝光补偿。在拍摄闪光夜景人像照片时，由于是对画面整体测光，通常会存在偏亮的情况，因此需要适当减少0.3EV~0.5EV的曝光补偿。

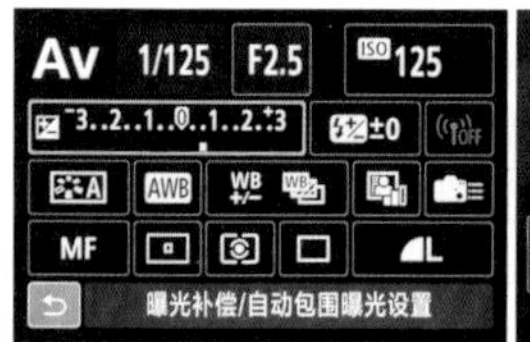

○ 设置曝光补偿菜单界面

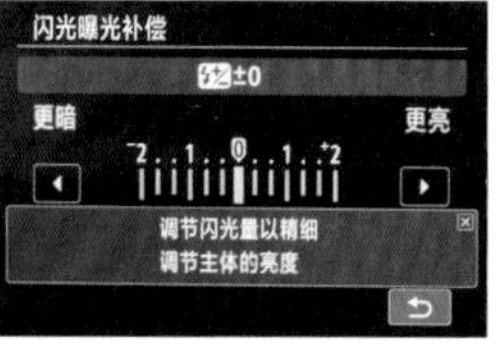

○ 设置闪光补偿菜单界面

○ 利用路灯和LED小灯珠为模特进行补光

提示：前帘同步与后帘同步都属于慢速闪光同步的一种。前帘同步是指在相机快门刚开启的瞬间就开始闪光，这样会在主体的前面形成一片虚影，形成人物后退的动感效果。

与前帘同步不同的是，当使用后帘同步模式拍摄时，相机将先进行整体曝光，直至完成曝光前的一瞬间进行闪光。

所以，如果拍摄静止不动的人像照片，必须等曝光完成后模特才可以移动。

○ 用公园草地中的地灯照亮模特，拍摄出唯美的夜景人像

8步拍好活泼儿童

对儿童来说，适合进行拍摄的状态有可能稍纵即逝，摄影师必须提高单位时间内的拍摄效率，才可能从大量照片中选择优秀的照片。

因此，拍摄儿童最重要的原则是拍摄动作快、拍摄数量多和构图变化多样。

1. 拍摄注意事项

如果拍摄的是婴儿，应选择在室内光线充足的区域拍摄，如窗户前。如果室内光线偏暗，可以打开照明灯补光，切不可开启闪光灯拍摄，这样容易对孩子的眼睛造成伤害。

如果拍摄大一点的儿童，则拍摄地点为室内外均可。在室外拍摄时，适合使用顺光或散射光。

2. 善用道具与玩具

道具可以增加画面的情节，并营造出生动、活泼的气氛。道具可以是一束鲜花，也可以是篮子、吉他或帽子等。

另一类常用道具就是玩具。当儿童看见自己感兴趣的玩具时，自然会流露出好玩的天性，在这种状态下，拍摄的效果要比摆拍的效果自然、生动。

3. 拍摄角度

以孩子齐眉高度平视拍摄为佳，这样拍摄出来的画面比较真实、自然。不建议使用俯视的角度拍摄，这样拍摄出来的画面中儿童会显得很矮，并且容易出现头大脚小的变形效果。

135mm F3.5 1/200s ISO160

○ 靠近窗户拍摄，利用自然光对儿童补光

○ 以平视角度拍摄儿童，得到了自然的画面

4. 拍摄参数设置

推荐使用光圈优先模式，光圈可以根据拍摄意图灵活设置，参考范围为 F2.8~F5.6，感光度参考为 ISO100~ISO200。

需要注意的是，设置曝光参数时要观察快门速度，如果拍摄相对安静的儿童，快门速度应保持在 1/200s 左右；如果拍摄运动幅度较大的儿童，快门速度应保持在 1/500s 或以上。如果快门速度达不到，则要调整光圈或感光度。

设置光圈值

5. 设置对焦模式

儿童动静不定，因此适合将对焦模式设置为人工智能自动对焦（AI FOCUS）。

6. 设置驱动模式

儿童的动作与表现变化莫测，除了快门速度要保持较高的值外，还需要将驱动模式设置为连拍模式，以便随时抓拍。

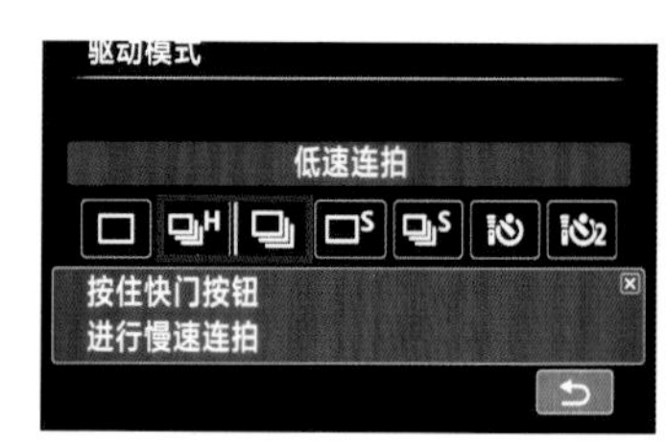

设置连拍模式

7. 设置测光模式

推荐使用中央重点平均测光模式，半按快门对儿童脸部进行测光。确认曝光参数合适后，按下曝光锁定按钮锁定曝光。然后只要在光线、画面明暗对比没有非常大的变化下，保持按住曝光锁定按钮，就可以以同一组曝光参数拍摄多张照片。

设置自动对焦模式

8. 设置曝光补偿

在拍摄时，可以在正常的测光数值的基础上，适当增加 0.3~1挡的曝光补偿。这样拍摄出的画面显得更亮、更通透，儿童的皮肤也会更加粉嫩、细腻、白皙。

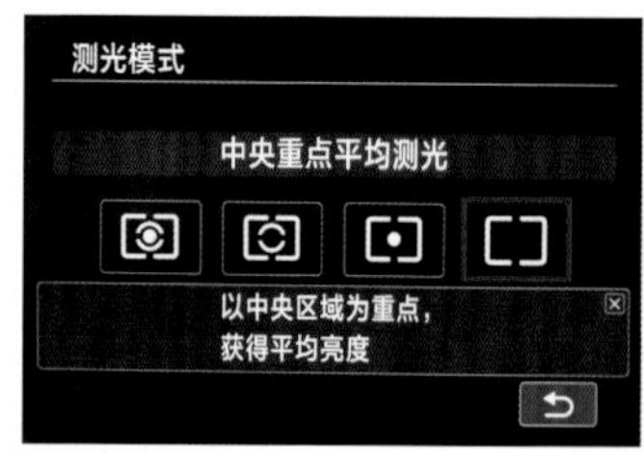

选择中央重点平均测光模式

用玩具不仅可以吸引孩子的注意力，还可以用来美化画面

85mm F2.8 1/400s ISO100

设置曝光补偿

水景的拍摄技巧

利用前景增强水景的空间纵深感

在拍摄水景时，如果没有参照物，不太容易表现水景的空间纵深感。因此，在取景时，应该注意在画面的近景处安排树木、礁石、桥梁或小舟，这样不仅能够避免画面单调，还能够通过近大远小的透视对比效果表现出水面的开阔与空间的纵深感。

在拍摄时，应该使用镜头的广角端，这样能使前景处的线条被夸张，以增强画面的透视感、空间感。

○ 在广角镜头的透视下，长长的太阳倒影增强了画面的纵深感

○ 前景中纵向的岩石不仅丰富了单调的海景，还增加了画面的空间感

5 步拍出丝滑的水流效果

使用低速快门拍摄水流，是水景摄影的常用技巧。不同的低速快门能够使水面具有不同的效果，中等时间长度的快门速度能够使水流呈现丝线般效果，如果时间更长一些，就能够使水面产生雾化的效果，为水面赋予特殊的视觉魅力。下面讲解一下详细的拍摄步骤。

提示：如果在拍摄前忘了携带三脚架和快门线，或者是临时起意拍摄低速水流，则可以在拍摄地点周围寻找可供固定相机的物体，如岩石、平整的地面等，将相机放置在这类物体上，然后将驱动模式设置为“2秒自拍”模式，以减少相机抖动。

1. 使用三脚架和快门线拍摄

丝滑的水面是低速摄影题材，手持相机拍摄，非常容易使画面模糊，因此，三脚架是必备的器材，并且最好使用快门线来避免直接按下快门按钮时产生的震动。

2. 拍摄参数的设置

推荐使用快门优先曝光模式，以便于设置快门速度。快门速度可以根据拍摄的水景和效果来设置，如果拍摄海面，需要设置为 1/20s 或更慢；如果拍摄瀑布或溪水，将快门速度设置为 1/5s 或更慢。将快门速度设置为 1.5s 或更慢，会将水流拍摄成雾化效果。

将感光度设置为相机支持的最低感光度值（ISO100 或 ISO50），以减少镜头的进光量。

○ 用中灰镜减少进光量，使瀑布呈现出丝绸般的顺滑效果

○ 选择快门优先模式

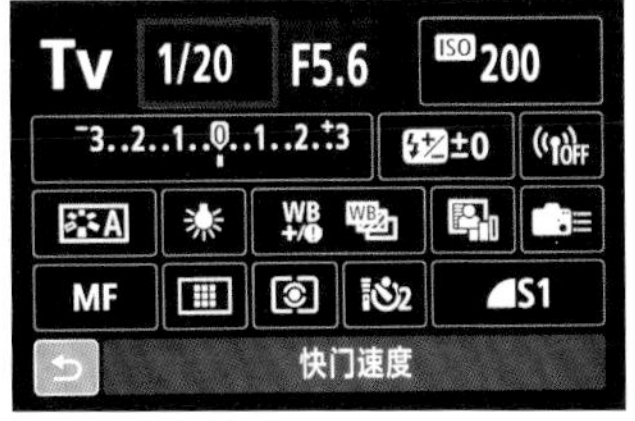

○ 设置快门速度

3. 使用中灰镜减少进光量

如果已经设置了相机的极限参数组合，画面仍然曝光过度，则需要在镜头前加装中灰镜来减少进光量。

先根据测光得出的快门速度值，计算出和目标快门速度值相差几倍，然后选择相对应的中灰镜安装到镜头上即可。

○ 肯高 ND4 中灰镜 (77mm)

4. 设置对焦和测光模式

将对焦模式设置为单次自动对焦模式，将自动对焦区域模式设置为自动选择模式。将测光模式设置为评价测光模式。

○ 设置自动对焦模式

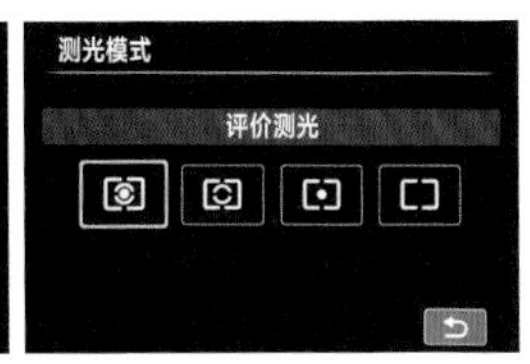

○ 设置测光模式

5. 拍摄

半按快门按钮对画面进行测光和对焦，在确认得出的曝光参数能获得标准曝光后，完全按下快门按钮进行拍摄。

○ 用小光圈结合较低的快门速度，将流动的海水拍摄出了丝线般的效果，摄影师采用高水平线构图，重点突出水流的动感美

○ 在低速快门的作用下，向下流动的水呈现出线条感，画面相比高速拍摄的画面来说效果更为震撼

山景的拍摄技巧

逆光下 5 步拍出漂亮的山体轮廓线

当在逆光下拍摄景物时，画面会形成很强烈的明暗对比，此时若以天空为曝光依据的话，可以将山处理成剪影的形式。下面讲解一下详细拍摄步骤。

1. 构图和拍摄时机

既然要表现山体轮廓线，那么在取景时就要注意选择比较有线条感的山体。通常山景的最佳拍摄时间是日出和日落前后，在构图时可以纳入天空的彩霞来美化画面。

需要注意的是，应避免在画面中纳入太阳，一是因为太阳周围光线太强，高光区域容易曝光过度，二是因为太阳如果占比过大，会抢走主体的风采。

2. 拍摄器材

适合使用广角镜头或长焦镜头拍摄。在使用长焦镜头拍摄时，需要使用三脚架或独脚架增强拍摄的稳定性。由于是逆光拍摄，因此最好在镜头上安装遮光罩，以防止出现眩光。

3. 设置拍摄参数

设置拍摄模式为光圈优先模式，将光圈值设置为 F8~F16，将感光度设置为 ISO100~ISO400，以保证画面的高质量。

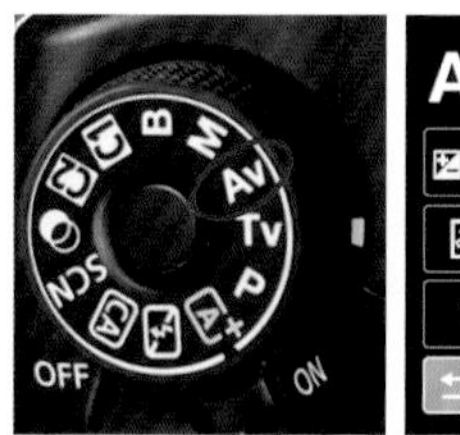

○ 选择光圈优先模式

○ 设置光圈值

○ 以剪影的形式表现云雾缭绕的山峦，浓淡的渐变加深了画面的空间感

4. 设置对焦与测光模式

将对焦模式设置为单次自动对焦模式，将自动对焦区域模式设置为单点。将测光模式设置为点测光模式，然后将相机的点测光圈（即取景器的中央），对准天空较亮的区域半按快门进行测光，确定所测得的曝光组合参数合适后，按下曝光锁定按钮锁定曝光。

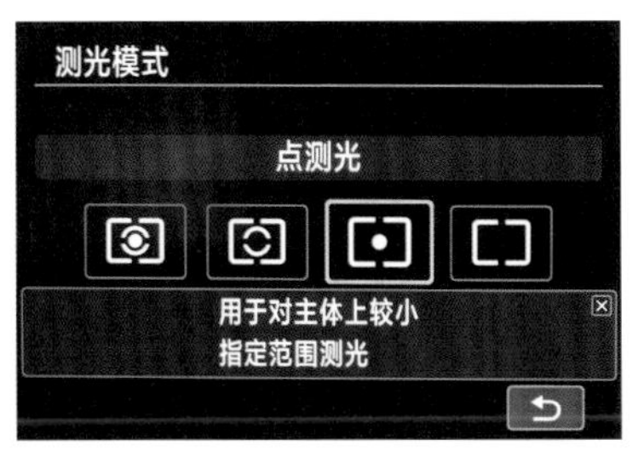

设置点测光模式

5. 对焦及拍摄

保持按下曝光锁定按钮的状态，使相机的对焦点对准山体与天空的连接处，半按快门进行对焦，对焦成功后，按下快门进行拍摄。

设置单次自动对焦模式

提示：在拍摄时使用侧逆光拍摄，不仅可以拍出山体的轮廓线，而且画面会更有明暗层次感。

利用前景让山景画面活起来

在拍摄各类山川风光时，总是会遇到这样的问题：单纯地拍摄山体总感觉有些单调。这时候，如果能在画面中安排前景，配以其他景物如动物、树木等，不仅可以使画面显得富有立体感和层次感，而且可以营造出不同的画面气氛，大大增强了山川风光作品的表现力。

如果有野生动物作为陪衬，山峰会显得更加幽静、安逸，具有活力，同时增加了画面的趣味等；如果在山峰的上端适当留出空间，使它在蓝天白云的映衬之下，给人带来更深刻的感受。

用大片的花海作为前景，衬托远方巍峨的雪山，一方面可以突出山峦的雄伟，另一方面可以使画面层次更丰富

3 步拍出洁白的漂亮雪景

雪景是摄影爱好者常拍的风光题材之一，但大部分初学者在拍摄雪景后，发现自己拍的雪不够白，画面灰蒙蒙的。其实只要掌握曝光补偿的技巧，即可还原雪的洁白。

1. 设置曝光参数

适合使用光圈优先模式拍摄。如果想拍摄大场景的雪景照片，可以将光圈值设置在 F8~F16 范围内；如果拍摄浅景深的特写雪景照片，可以将光圈值设置在 F2~F5.6 范围内。在光线充足的情况下，将感光度设置在 ISO100~ISO200 即可。

2. 设置测光模式

将测光模式设置为评价测光，针对画面整体测光。

3. 设置曝光补偿

在保证不会曝光过度的同时，可根据白雪在画面中所占的比例，适度增加 0.7EV~2EV 曝光补偿，以如实地还原白雪的明度。

○ 选择光圈优先模式

○ 设置光圈值

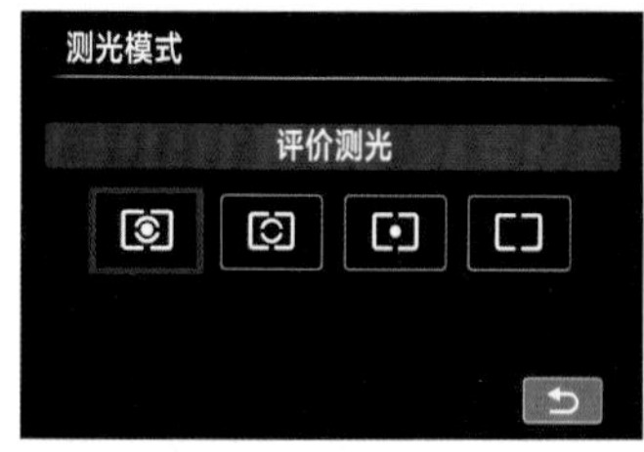

○ 设置测光模式

○ 设置曝光补偿

○ 通过增加曝光补偿的方式，在不过曝的情况下如实地还原白雪的明度，画面使人感觉清新、自然

7 步拍好日出日落景色

在逆光条件下拍摄日出、日落景象，由于场景光比较大，而感光元件的宽容度无法兼顾到景象中最亮、最暗部分的还原，因此摄影师大多选择将背景中的天空还原，而将前景处的景象处理成剪影，增加画面美感的同时，还可营造画面气氛。那么，该如何拍出漂亮的剪影效果呢？下面讲解一下详细的拍摄步骤。

1. 寻找最佳拍摄地点

拍摄地点最好是开阔一点的场地，如海边、湖边、山顶等。作为剪影呈现的目标景物，不可以过多，而且轮廓要清晰，避免选择大量重叠的景物。

景物选择不恰当，导致剪影效果不佳

2. 设置小光圈拍摄

将相机的拍摄模式设置为光圈优先模式，将光圈值设置在 F8~F16 范围内。

3. 设置低感光度

日落时的光线很强，因此设置感光度为 ISO100~ISO200 即可。

4. 设置照片风格及白平衡

如果以 JPEG 格式存储照片，那么需要设置照片风格和白平衡。为了获得最佳的色彩氛围，可以将照片风格设置为“风景”模式，将白平衡模式设置为“阴影”模式，或者手动调整色温值为 6000K~8500K。如果是以 RAW 格式存储照片，则都设置为自动模式即可。

5. 设置曝光补偿

为了获得更纯的剪影，以及让画面色彩更加浓郁，可以适当设置 – 0.3EV~ – 0.7EV 的曝光补偿。

以水面为前景拍摄，使得绚丽的天空和湖面倒影占了大部分画面，而小小的人物及岸边景物呈现为剪影效果，使得画面有了点睛之笔

6. 使用点测光模式测光

将相机的测光模式设置为点测光，然后将相机上的点测光圈对准夕阳旁边的天空半按快门测光，得出曝光数据后，按下曝光锁定按钮锁住曝光。

需要注意的是，切不可对准太阳测光，否则画面会过暗，也不可对着剪影的目标景物测光，否则画面会过亮。

7. 重新构图并拍摄

在保持按下曝光锁定按钮状态的情况下，通过改变焦距或拍摄距离重新构图，并对景物半按快门对焦，对焦成功后按下快门进行拍摄。

○ 测光时太靠近太阳，导致画面整体过暗

○ 对着建筑测光，导致画面中的天空过亮

○ 针对天空中较亮的部位进行测光，使山体呈剪影效果，与明亮的太阳形成呼应，画面简洁、有力

拍摄昆虫的技巧

对于昆虫微距摄影而言，是否清晰是评判照片是否成功的标准之一。由于昆虫微距照片的景深都很浅，因此，在进行昆虫微距摄影时，对焦是影响照片成功与否的关键因素。

一个比较好的解决方法是，使用佳能相机的实时显示拍摄模式进行拍摄。在实时显示拍摄模式下，液晶监视器中会显示被摄对象，并且按下放大按钮，可将液晶监视器中的图像进行放大，以检查拍摄的照片是否准确合焦。

○ 将实时显示拍摄 / 短片拍摄开关转至位置，将会在液晶监视器上实时显示图像，此时即可进行实时显示拍摄了

○ 按下放大按钮后，以 5 倍的显示倍率显示当前拍摄对象

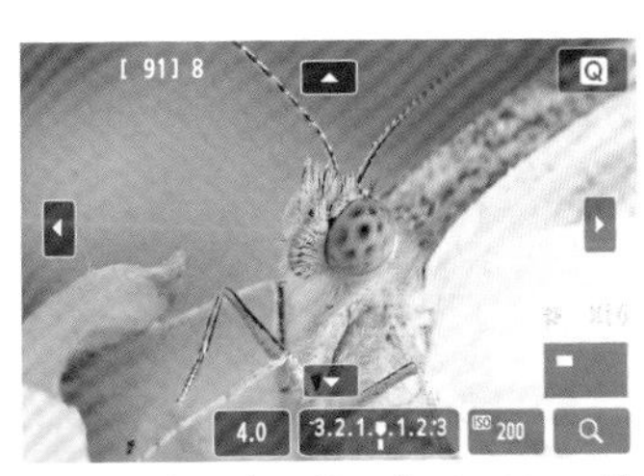

○ 再次按下放大按钮后，以 10 倍的显示倍率显示当前拍摄对象

○ 拍摄小景深的微距画面时，使用实时显示拍摄模式进行对焦可方便查看是否合焦

6 步拍定格宠物的精彩瞬间

宠物在玩耍时的动作幅度都比较大，精力旺盛的它们绝对不会停下来任由你摆布，所以只能通过设置相机的相关参数来抓拍这些调皮的小家伙。在拍摄时可以按照下面的步骤来设置。

1. 设置拍摄参数

将拍摄模式设置为快门优先模式，将快门速度为 1/500s 或以上，感光度可以依情况随时调整，如果拍摄环境光线好，设置为 ISO100~ISO200 即可，如果拍摄环境光线不佳，则需要提高 ISO 感光度。

2. 设置自动对焦模式

宠物的动作不定，为了更好地抓拍到其清晰的动作，需要将对焦模式设置为连续自动对焦，以便相机根据宠物的跑动幅度自动跟踪主体进行对焦。

3. 设置自动对焦区域模式

自动对焦区域模式可以设置为自动选择模式或自动选择区域模式。

○ 设置自动对焦模式

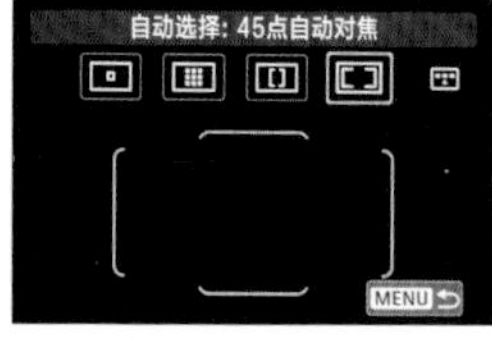

○ 设置自动对焦区域模式

○ 高速连拍猫咪打闹的瞬间，使画面看起来精彩、有趣

4. 设置驱动模式

将相机的驱动模式设置为连拍（如果相机支持高速连拍，则选择该选项）。在连拍模式下，可以将它们玩耍时的每一个动作快速连贯地记录下来。

佳能相机的两种连拍模式

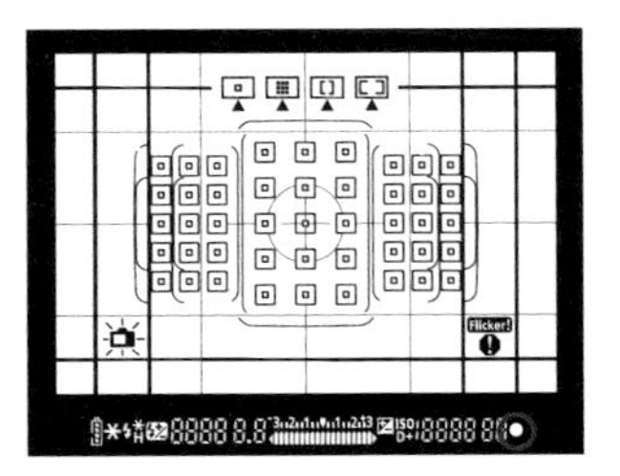

红圈中所示的是对焦指示图标

5. 设置测光模式

一般选择在明暗反差不大的环境下拍摄宠物，因此使用评价测光模式即可。半按快门对画面测光，然后查看取景器中得出的曝光参数组合，确定没有提示曝光不足或曝光过度即可。

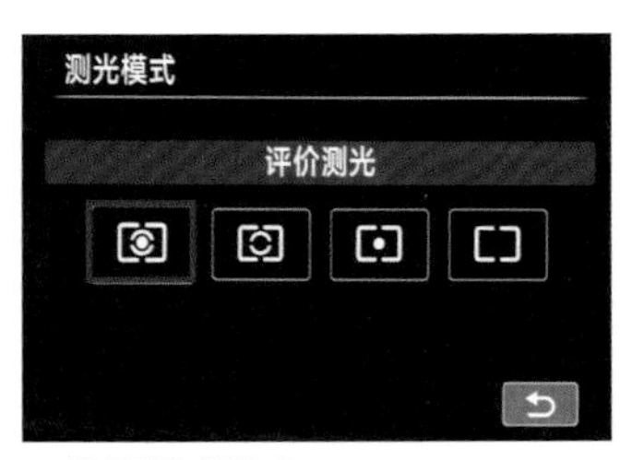

设置测光模式

6. 对焦及拍摄

一切设置完成后，半按快门对宠物对焦（注意查看取景器中的对焦指示图标“●”，出现该图标表示对焦成功）。对焦成功后完全按下快门按钮，相机将以连拍的方式进行抓拍。

拍摄完成后，需要回放查看所拍摄的照片，以查看画面主体是否对焦清晰、动作是否模糊，如果效果不佳，需要进行调整，然后再次拍摄。

连拍的优点之一，就是可以实现多拍优选。这张站起来的狗狗照片就是在连拍的组图中选取出来的

在弱光下 7 步将建筑精美的内饰拍清晰

除了拍摄建筑的全貌和外部细节，有时还可以进入其内部拍摄，如歌剧院、寺庙、教堂等建筑物内部都有许多值得拍摄的壁画或雕塑。

1. 拍摄器材

推荐使用广角镜头或广角端，镜头带有防抖功能为佳。

2. 拍摄参数的设置

推荐使用光圈优先曝光模式，并设置光圈为 F5.6~F10，以得到大景深效果。

建筑物内部的光线通常较暗，感光度一般是根据快门速度来灵活设置的。如果快门速度低于安全快门，则应提高感光度以相应地提高快门速度，防止成像模糊，一般将其设置为 ISO400~ISO1600。

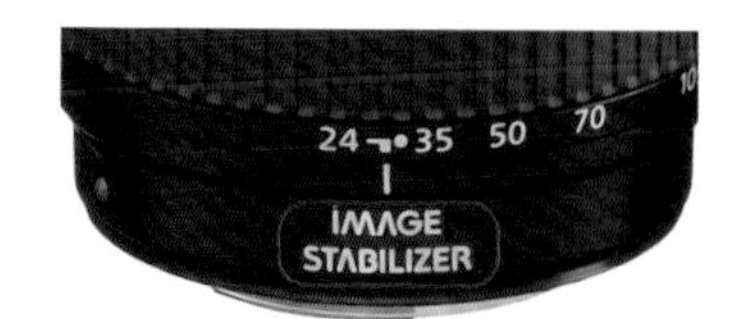

有防抖标志的佳能镜头

选择光圈优先模式

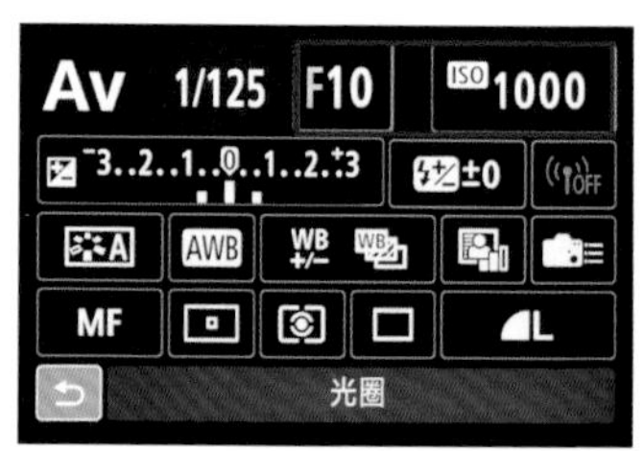

设置光圈和感光度

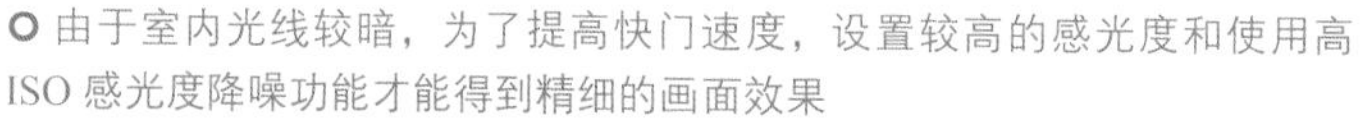

由于室内光线较暗，为了提高快门速度，设置较高的感光度和使用高 ISO 感光度降噪功能才能得到精细的画面效果

3. 开启防抖功能

在手持相机拍摄时，相机容易抖动，而且快门速度一般不会非常高，容易造成画面模糊，因此需要开启镜头上的防抖功能来降低画面模糊的概率。

4. 开启高 ISO 感光度降噪功能

使用高感光度拍摄时，非常容易在画面中形成噪点，高感效果不好的相机产生的噪点更加明显，因此需要开启相机的“高 ISO 感光度降噪功能”。

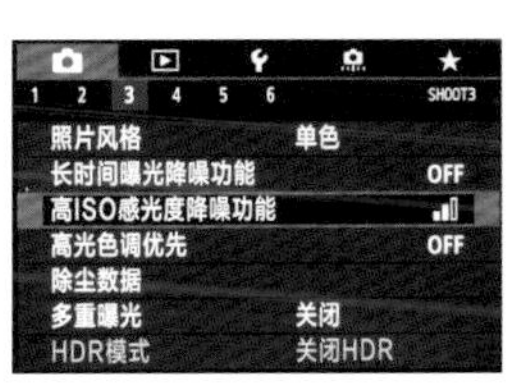

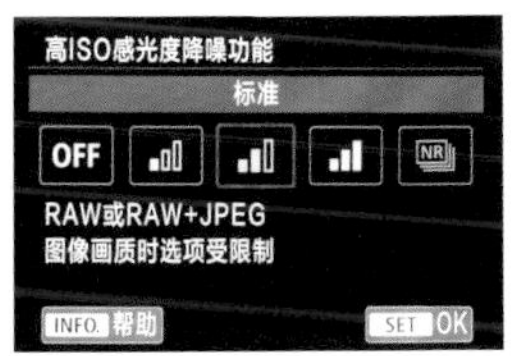

开启相机的“高 ISO 感光度降噪功能”

5. 设置测光模式

将测光模式设置为评价测光，针对画面整体测光。

6. 其他设置

除了前面的设置，还有一个比较重要的设置是存储格式。将文件存储为 RAW 格式，可以很方便地在后期进行优化处理。

如果想获得 HDR 效果的照片，可以开启相机的 HDR 模式（仅限于 JPEG 格式）或使用包围曝光功能拍摄不同曝光的素材照片，然后在后期进行合成。

7. 拍摄小技巧

室内建筑一般都有桌椅或门柱，在不影响其他人通过或破坏它的情况下，可以通过将相机放置在桌椅上或倚靠门柱的方式来提高手持拍摄的稳定性。

如果仰视拍摄建筑顶面的装饰，可以开启相机的实时显示拍摄模式来提高拍摄的舒适性。如果所使用的相机有旋转液晶显示屏，还可以调整屏幕来获得更舒适的观看角度。

用广角镜头拍摄，将教堂精致的细节展现了出来

拍摄夜景的技巧

9 步拍好城市蓝调夜景

观看夜景摄影佳片就可以发现，大部分城市夜景照片中的天空都是蓝色调的。而摄影初学者却很郁闷："为什么我就拍不出来那种感觉呢？"其实是拍摄时机没选择正确，一般为了捕捉到这样的夜景气氛，都不会等到天空完全黑下来才去拍摄，因为照相机对夜色的辨识能力比不上我们的眼睛。

1. 最佳拍摄时机

要想获得纯净蓝色调的夜景照片，首先要选择天空能见度好、透明度高的天晴夜晚（雨过天晴的夜晚更佳），在天将黑未黑、城市路灯开始点亮的时候，便是拍摄夜景的最佳时机。

○ 较晚时候拍摄的夜景，天空已经变成了黑褐色，画面美感不强

○ 在天空还未暗下来时，以静静的水面为前景拍摄，建筑的实体与水面上的倒影形成了对称式构图，黄色灯光在深蓝色调的衬托下，显得更加迷人

2. 拍摄装备

建议使用广角镜头拍摄，以表现城市的繁华。另外，还需要使用三脚架固定好相机，并使用快门线拍摄，尽量不要用手直接按下快门按钮。

○ 三脚架与快门线

3. 拍摄参数设置

将拍摄模式设置为M挡手动模式，设置光圈为F8~F16，以获得大景深画面，将感光度设置为ISO100~ISO200，以获得噪点比较少的画面。

4. 设置白平衡模式

为了增强画面的冷暖对比效果，可以将白平衡模式设置为钨丝灯模式。

佳能相机白平衡模式设置界面

5. 拍摄方式

夜景光线较弱，为了更好地查看相机参数、构图及对焦，推荐使用实时显示模式取景和拍摄。

6. 设置对焦模式

将对焦模式设置为单次自动对焦模式；将自动对焦区域模式设置为实时1点自动对焦模式。

如果使用自动对焦模式的对焦成功率不高，则可以切换至手动对焦模式，然后按下放大按钮使画面放大，旋转对焦环进行精确对焦。

将实时显示拍摄/短片拍摄开关转至▣位置，然后按下START/STOP按钮，切换至实时显示拍摄模式

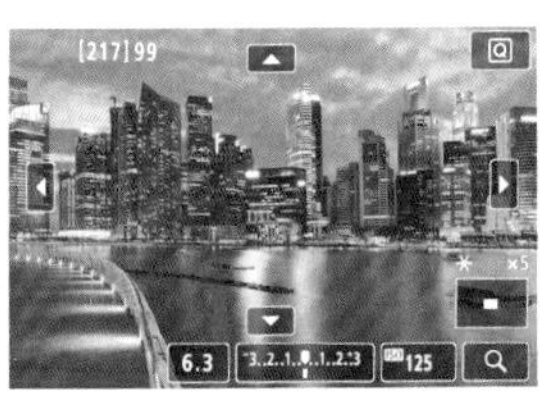

在实时显示拍摄模式下，按下相机的放大按钮，可以将画面放大显示，这一功能可以辅助手动对焦

7. 设置测光模式

将测光模式设置为评价测光，对画面整体半按快门测光。注意观察液晶显示屏中的曝光指示条，调整曝光值，使曝光游标处于标准或所需曝光的位置。

设置评价测光并适当地进行曝光补偿，画面中的天空与地面都有细节

8. 曝光补偿

由于在评价测光模式下相机是对画面整体测光的，会出现偏亮的情况，需要减少0.3EV~0.7EV的曝光补偿。在M挡模式下，使游标向负值方向偏移到所需数值的位置即可。

9. 拍摄

一切参数设置妥当后，使对焦点对准画面较亮的区域，半按快门线上的快门按钮进行对焦，然后按下快门按钮拍摄。

观看液晶显示屏上的曝光指示游标

9 步拍出体现繁华城市的车流光轨

在夜晚的城市，灯光是主要光源，各式各样的灯光可以顷刻间将城市变得绚烂多彩。疾驰而过的汽车留下的尾灯痕迹，彰显出了都市的节奏和活力，是很多人非常喜欢的一种夜景拍摄题材。

1. 最佳拍摄时机

与拍摄蓝调夜景一样，车流也适合选择在日落后且天空还没完全黑下来的时候开始拍摄。

2. 拍摄地点的选择和构图

对于拍摄地点，除了在地面上，还可找寻如天桥、高楼等地方以高角度进行拍摄。

拍摄的道路有弯道的最佳，如 S 形、C 形，这样拍摄出来的车流线条非常有动感。如果是直线形的道路，摄影师可以选择从斜侧方拍摄，使画面形成斜线构图，或者选择道路的正中心，在道路的尽头安排建筑物入镜，使画面形成牵引式构图。

○ 选择在天完全黑下来的时候拍摄，可以看出，虽然车轨线条很明显，但其他区域没有细节，画面整体美感不强

○ 摄影师采用放射线构图拍摄车轨，画面非常有延伸感

○ 曲线构图实例，可以看出画面很有动感

○ 斜线构图实例，可以看出车轨线条很突出

3. 拍摄器材

车流光轨是一种需要长时间曝光的夜景题材，曝光时间可以达几秒甚至几十秒，因此稳定的三脚架是必备附件之一。为了防止按动快门时的抖动，还需要使用快门线来触发快门。

○ 将背包悬挂在三脚架上，可以提高稳定性

4. 拍摄参数的设置

选择 M 挡手动模式，并且根据需要将快门速度设置为 30s 以内的数值（多试拍几张）；将光圈设置为 F8~F16 的小光圈，以使车灯形成的线条更细，不容易出现曝光过度的情况；将感光度通常设置为最低感光度 ISO100（少数中高端相机也支持 ISO50 的设置），以保证成像质量。

下方 4 张图是在保持其他参数不变的情况下，只改变快门速度的效果示例，可以作为曝光参考。

○ 快门速度：1/20s

○ 快门速度：1/5s

○ 快门速度：4s

○ 快门速度：6s

摄影师以俯视角度拍摄立交桥上的车流，消失在各处的车轨线条展现出了城市的繁华

5. 拍摄方式

夜景光线较弱，为了更好地查看相机参数、构图及对焦，推荐使用实时显示模式取景和拍摄。

6. 设置对焦模式

将对焦模式设置为单次自动对焦模式；将自动对焦区域模式设置为实时 1 点自动对焦模式。

如果使用自动对焦模式的对焦成功率不高，则可以切换至手动对焦模式。

7. 设置测光模式

将测光模式设置为评价测光，半按快门对画面整体测光。此时，注意观察液晶显示屏中的曝光指示条，微调光圈、快门速度和感光度，使曝光游标到达标准或所需曝光的位置。

8. 曝光补偿

在评价测光模式下会出现偏亮的情况，需要减少 EV0.3~0.7EV 的曝光补偿。在 M 挡模式下，调整参数使游标向负值方向偏移到所需数值即可。

9. 拍摄

当将一切参数设置妥当后，使对焦点对准画面较亮的区域，半按快门线上的快门按钮进行对焦，然后按下快门按钮拍摄。

8 步拍出大气梦幻的星轨

1. 选择合适的拍摄地点

要拍摄出漂亮的星轨，首要条件是选择合适的拍摄地点，最好在晴朗的夜晚前往郊外或乡村拍摄。

2. 选择合适的拍摄方位

接下来需要选择拍摄方位。如果将镜头对准北极星，可以拍摄出所有星星都围绕着北极星旋转的环形画面（对准其他方位拍摄的星轨则都呈现为弧形）。

3. 选择合适的器材、附件

拍摄星轨通常在郊外，气温较低，相机的电量下降得相当快，应该保证相机电池有充足的电量，最好再备一块或两块满格电量的电池。

长时间曝光时，相机的稳定性是第一位的，稳固的三脚架及快门线是必备的。

原则上使用什么镜头是没有特别规定的，但考虑到前景与视野，多数摄影师还是会选用视角广阔、大光圈、锐度高的广角与超广角镜头。

4. 选择合适的拍摄手法

拍摄星轨通常可以用两种方法。一种是通过长时间曝光的前期拍摄，即拍摄时使用 B 门模式，通常要曝光半小时甚至几个小时。

第二种方法是使用间隔拍摄的手法进行拍摄（如果相机无此功能，可以使用具有定时功能的快门线），使相机在长达几小时的时间内，每隔 1 秒或几秒拍摄一张照片，建议拍摄 120 至 180 张，总时间为 60~90 分钟。完成拍摄后，利用 Photoshop 中的堆栈技术，将这些照片合成为一张星轨迹照片。

目前，基本上都会采用第二种方法进行拍摄，成功率高而且效果可控。

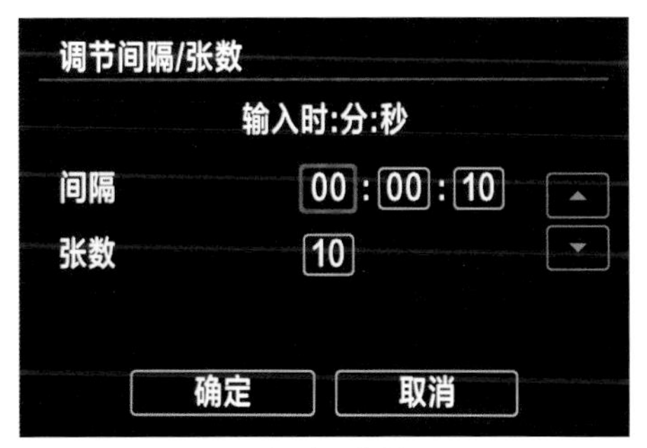

○ 佳能相机的间隔定时器菜单

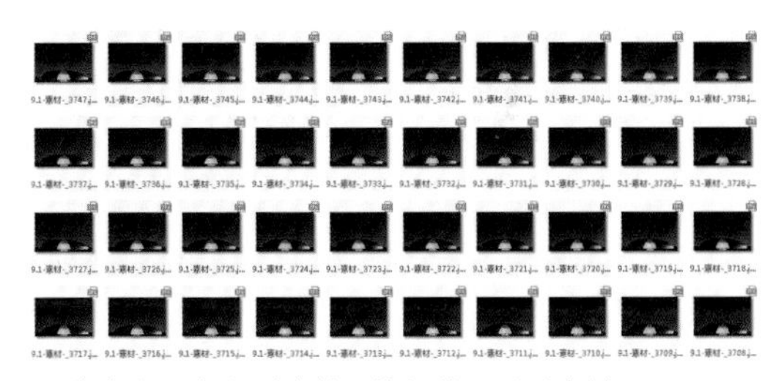
○ 笔者在国家大剧院前面拍摄的一系列素材

○ 表现星星轨迹的画面，要将地面景物也纳入，以丰富画面

○ 通过后期处理得到的成片

5. 选择合适的对焦

如果远方有灯光，可以先对灯光附近的景物进行对焦，然后切换至手动对焦方式进行构图拍摄；也可以直接旋转变焦环将焦点对在无穷远处，即旋转变焦环直至到达标有∞符号的位置。

6. 构图

在构图时为了避免画面过于单调，可将地面的景物与星星同时摄入画面，使作品更生动活泼。如果地面上没有光照，可以通过使用闪光灯进行人工补光的方法来弥补。

7. 确定曝光参数

不管使用哪一种方法拍摄星轨，设置参数都可以遵循下面的原则。

尽量使用大光圈：这样可以吸收更多的光线，让更暗的星星也能呈现出来，以保证得到较清晰的星光轨迹。

感光度适当高点：可以根据相机的高感表现，设置感光度为 ISO400~ISO3200，这样便能吸收更多的光线，让肉眼看不到的星星也能被拍下来，但感光度值最好不要超过相机最高感光度的一半，不然噪点会很多。

如果使用间隔拍摄的方法拍摄星轨，对于快门速度，笔者推荐设置为 8s 以内。

8. 拍摄

当确定好构图、曝光参数和对焦后，如果使用第一种方法拍摄，释放快门线上的快门按钮并将其锁定，相机将开始曝光。曝光时间越长，画面上星星划出的轨迹就越长、越明显。当曝光达到所需的曝光时间后，再解锁快门按钮结束拍摄即可。

如果使用第二种方法拍摄，当设置完间隔拍摄选项后，佳能相机会在拍摄第一张照片后，按照所设定的参数进行连续拍摄，直至拍完所设定的张数才会停止。

通过后期堆栈合成线条感明显的星轨

第10章

口播、美食、VlOG、绿幕等视频实战拍摄方法

使用固定机位拍摄视频

顾名思义，使用固定机位拍摄视频是指在拍摄视频时，无论是使用一台还是多台相机，这些相机的位置均保持固定不动。

这种拍摄方式对拍摄技术要求不高，如果在室内，只要设置好相机、灯光，便可以一直使用一组参数长期拍摄不同的内容。因此，如果创作者初期不太懂相机参数设置及灯光布置，可以由有经验的摄影师设置好以后直接使用，边拍摄边学习。

虽然从操作方式上看以固定机位拍摄视频不太灵活，但实际上，许多在网上爆火的视频都是使用这种方式拍摄的。

使用固定机位拍摄口播视频技术要点

口播类视频的重点是内容，而不是形式。对拍摄场地要求低，对拍摄技术及设备要求也不高，因此许多视频创作者都是从拍摄口播类视频进入视频创作领域的。

无论是使用三脚架，还是使用其他类型的稳定设备，只需确保相机稳定、灯光明亮，即可开始录制视频。

对于初学者，刚开始录制视频时，可以参考使用快门速度1/60秒、ISO100、F4这组拍摄参数。

根据当前场景的明亮程度有可能需要提高感光度，在光线稍暗的场景下，感光度有时可能达到ISO1500左右。虽然此时视频画面会有一些噪点，但由于视频画面是动态的，因此整体观感尚可。

根据背景需要的虚化程度，光圈值可能在F1.8~F8范围内变化，此时要注意调整感光度值，以平衡整体曝光。

由于口播类视频通常在室内录制，所以在光线恒定的情况下，选择自动白平衡即可。

在对焦方面，如果口播者前后晃动幅度不大，在光圈处于F8左右时，可以使用手动对焦模式。如果光圈较大，且口播者明显有前后晃动或走动，要在视频拍摄状态下开启自动对焦模式，并选择“ᴗ+追踪”模式，以确保相机能够实时跟踪主播的面部。

使用固定机位拍摄美食视频

用固定机位拍摄美食视频的流程

许多新手在拍摄美食视频时，不知道如何构思整个拍摄流程及镜头。其实，拍摄美食视频完全可以依据制作美食的整个过程来规划拍摄流程。

介绍

介绍即介绍要制作的美食的特点及大致制作流程、注意要点。拍摄时将相机架设在厨师的对面，使用广角端或远距离拍摄，表现整个场景及厨师的面貌特征。

切配

饮食行业称切配为食材细加工。“切”，就是通过各种刀法，把原料加工成烹调需要的各种形态；“配”，就是把加工好的原料，按菜肴需要搭配在一起。

在表现这个过程时，可以使用长焦镜头或将相机架设在距离菜品切配区较近的位置，以表现操作的细节。

拍摄时要注意更换细微的景别及角度，避免视角过于固定、单调，以丰富视频画面。

除了将相机架设在厨师的对面，还可以将相机架设在厨师身后，以过肩的镜头向下俯视拍摄切配操作，从而模拟第一视角，增强观众在观看视频时的沉浸感与代入感。

在以此角度拍摄视频时，也可以考虑使用本书前面介绍过的运动相机，最后将其固定与相机拍摄的视频剪辑在一起。

烹饪

在烹饪过程中，厨师要展示翻炒、调味的操作，通常使用两种机位进行表现。

第一种仍然是将相机架设在厨师对面或侧面，以长焦特写表现厨师在灶台上的操作。

第二种是将相机架设在灶台外侧，以俯视角度拍摄。但这种角度拍摄时镜头容易起雾，因此更适合油烟少的西餐。

装盘

起锅装盘这个过程虽然简单，但其实很有仪式感，许多食物在锅中的形态完全谈不上美观，但如果将其盛在光洁的餐盘中，并以整洁的桌布为背景，整个画面的美感会成倍增加。

用固定机位拍摄美食视频的灯光要点

当使用相机拍摄美食时，灯光是一个很重要的要素，一定要通过补光或提高原有灯光照度的方式，使制作美食的场景看上去明亮干净，同时更好地还原食材原本的色泽。

如果在拍摄时使用了较大功率的补光灯，建议关闭室内原有的灯光，以避免相机的白平衡还原失误。

如果是家居类的美食创作者，可以视拍摄场景的面积使用一盏功率为300W左右的补光灯。如果是在美食直播间，至少需要3盏补光灯，两盏在主播四点钟、九点钟方向，一盏在顶部。

用固定机位拍摄美食视频的参数设置

在光线充足的情况下，用相机拍摄美食建议使用以下参数。

如果在一个较小的场景内拍摄，视频画面也较为简单，即便设置较大的光圈，视频画面的景深也仍然能够满足展现所有细节，因此可以将光圈设置为F4左右，否则可以将光圈设置得小一些，以获得较大的景深。

如果场景较开阔，要获得类似《舌尖上的中国》的浅景深效果，则需要将光圈设置得稍大一些。

对于感光度，要设置为视频画面曝光正常情况下的最低值。

快门速度要根据帧率进行设置。

对于白平衡，可以选择自动白平衡，如果预览视频画面感觉色彩还原不十分准确，可以手动设置色温或手动自定义白平衡。

让视频画面更丰富的小技巧

在录制美食视频时，可以拍摄几个水花溅起、葱花散开、油开冒泡、面粉洒落的慢动作片段，从而使视频画面更丰富。

注意：在拍摄慢动作视频时无法录制声音，因此在后期剪辑时要配音。

用固定机位拍摄美食视频时的录音要点

在拍摄美食类视频时，录音是一项非常重要的工作。因为在制作美食时，必然要有切菜、油煎等过程，在这个过程中，逼真的声音有助于增强视频的现场感。

在拍摄美食类视频时，通常采用同期录音及后期配音两种方式。

同期录音是指用本书前文所提到的各类录音设备，录制制作美食时的声音。比较常用的是枪式指向性麦克风，这种麦克风有一定的录音距离，可以避免出现在视频画面中，但录制时还要尽量靠近发声源。如果还需要同期录制人的声音，可以使用无线领夹麦克风。

如果录制的是讲解细致的教学式美食视频，或者环境较为嘈杂，可以使用后期配音的方式，先录制视频，在后期制作时添加人声及做菜时的音效。

如果长期拍摄美食类视频，建议录制或购买一套专门针对美食领域的音效库。

用固定机位拍摄美食视频时的特写镜头运用要点

“高端的食材往往只需用朴素的烹饪方式”这句知名的文案，由于《舌尖上的中国》的成功而在美食视频制作领域广泛流传。

《舌尖上的中国》之所以成功有多方面因素，但从摄影及视频制作角度来看，其成功离不开创新的镜头表现手法，其中最典型的就是《舌尖上的中国》里使用了大量高清、特写、浅景深镜头。

这样的镜头放大了食物的质感，凸显了食物本身的色泽、质感，刻画出了美食的细节，给人一种强烈的代入感、沉浸感。

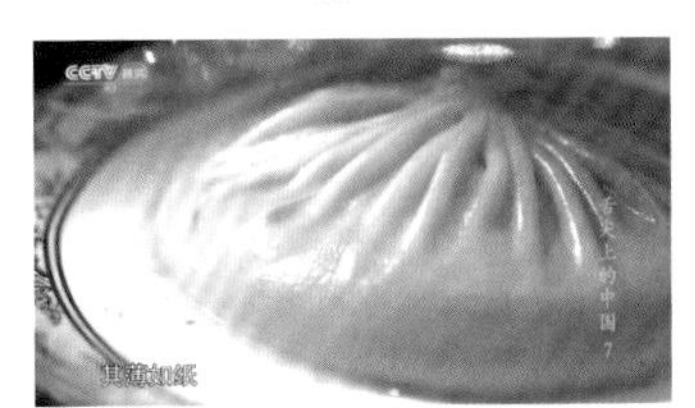

这些特写镜头，在早期基本上都是由佳能 5D Mark Ⅱ 配合大光圈长焦镜头拍摄的。

《舌尖上的中国》给美食视频创作者的启示：不仅要善于、敢于使用近景、特写、浅景深镜头，最好在视频中形成个性化的镜头语言风格，这样才能够从众多美食视频中脱颖而出。

另外，《舌尖上的中国》的文案及背景音乐，也是值得学习与借鉴的。

用固定机位拍摄多镜头 VlOG 视频

拍摄 VlOG 视频的第一步——定主题

与美食类视频不同，VlOG 视频是一种视频表现形式，并不是主题，因此在拍摄之前一定要确定整条视频的主题。例如，可以是一个网红公园的打卡过程、一个手办的制作过程、一次旅游的过程、一道美食从原材料采购到出锅的过程，甚至可以是一次逛商场的过程。

VlOG 视频对于观众的意义大多属于了解另一种生活方式。例如，城市白领可以通过观看张同学的视频了解东北原生态的农村生活，可以通过观看李子柒的视频了解如何制作美食，可以通过观看手工耿的视频了解如何制作一件“没有用”的“科技发明”。总结起来就是，视频创作者要去做别人一直都想做的事，去过别人一直想过的生活，然后将其记录下来。

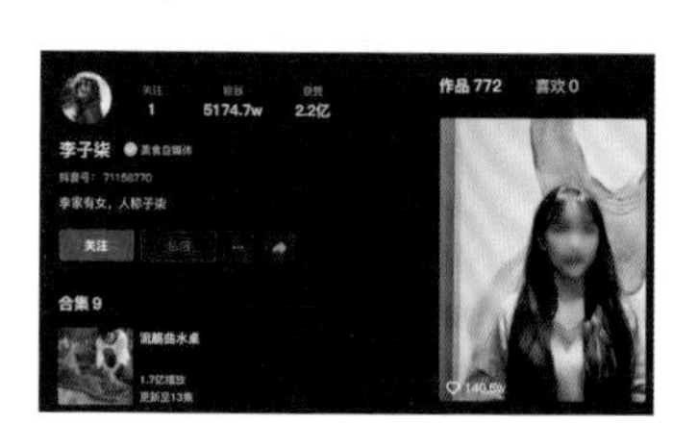

VlOG 视频除了要主题要鲜明，内容还要有新意。在此基础上，再辅以悦耳的背景音乐、流畅的视频节奏或酷炫的运镜，这样才能够让观众有看完的动力。

所以，制作一条 VlOG 视频，大体可以分为主题及脚本策划、拍摄、后期剪辑。在这个过程中，拍摄可能是最简单但却最烦琐的步骤。

拍摄 VlOG 视频的第二步——写脚本

确定拍摄主题后，就要进入脚本写作环节。这个环节对于简单的 VlOG 并不是必需的，但新手或要拍摄的是一个时间跨度、地域跨度较大，或有多人参与的视频，则一定要撰写详细的脚本。只有这样，在后期剪辑合成视频时，才不会陷入“巧妇难为无米之炊”的窘境。

关于脚本创作的方法在本书第 7 章有详细讲解，可以参考学习。

镜号	景别	摄法	时间	画面	解说	音乐	备注
1	中景	卡住男生和女生的中景，男生为背面斜侧，女生为正面斜侧，机器不动	3 秒	在图书馆里，男女同学对坐，认真看书，男生不经意的看了看女生，女生微抬头。	地点为图书馆，或者可以对边坐的桌子，主体物为男女同学，旁边是玻璃窗户，可以看到窗外风景。	周杰伦的《彩虹》	镜头约主体物 2 米远。
2	特写	卡住女生的中景，镜头为正面拍摄。	2 秒	女生不好意思的抬起头，双眼注视男生，含羞的微微笑。	从男生的正面角度拍过去，后面的背景就是图书馆的其他桌子。	同上	画面为女孩上半身
3	中景	卡住男生和女生的中景，依然是斜侧的方式，机器不动	3 秒	女生看累书，趴在书上面睡着了，男生看了看女生，把左手撑在自己的头上，让头靠着左手。	和镜号 1 一样，背景相同，只是演员动作的改变。	同上	
4	近景	卡住男生和女生的近景，方位斜侧，但是偏正，机器不动。	4 秒	女生撑着头想不高兴的事情，男生的手指却在桌上慢慢地靠近女生，最后靠近女生，戳了下女生的手指，然后又拽了下女生的袖头。	因为是近景，镜头的焦点在于男生的手，注意手的重点拍摄。	同上	由面部到手部，重点在于手的位置的移动。

拍摄 VlOG 视频的第三步——找音乐

一段好看的 VlOG 视频通常都有悦耳并合拍的背景音乐。此时背景音乐的作用不仅可以提升观赏性，更重要的作用是统合整段视频的节奏。

要明白这一点，只需看看在抖音上火爆的卡点短视频即可。

当到达音乐卡点位置时，观众潜在的心理是希望画面跟随音乐一起变化的，否则就有一种不协调的感觉 。

因此，在确定主题、写好脚本之后，一定要花一些时间找到几首跟视频主题调性相匹配的背景音乐，具体选择几首取决于视频的长度。

拍摄 VlOG 视频的第四步——拍素材

进入拍视频素材的阶段后，只需按脚本安排场景、架设相机进行拍摄即可。

在本书的第 7 章曾经分析过火爆的张同学的一条视频，从分镜脚本中可以看出来，在安排好景别、机位的情况下，只要确保视频的曝光正常、对焦准确，就能顺利完成拍摄。

在拍摄过程中，运用的还是前面介绍过的曝光、对焦、构图和用光等知识。

在拍摄过程中，要注意拍摄一些空镜头，充当视频的“留白”，也可以充当视频的开场或结束画面。

如果需要，还可以运用前面学习过的延时视频及慢动作视频的拍摄手法，拍摄一些视频素材，从而丰富视频的画面效果。

拍摄视频素材时一定要秉承宁多勿少的原则，多拍一些素材。

对于重要的场景，一定要试录，并回放视频以检查曝光、收音、焦点和构图等要素。

拍摄 VlOG 视频的第五步——剪辑

这一部分不是本书的重点，但对每一个创作者来说却格外重要，除非是以团队的形式拍摄视频的，否则创作者通常不能指望将自己拍摄的一堆素材外包给他人剪辑出符合自己期望的视频。

视频创作新手可以从学习剪映开始，对剪辑一段要求不太高的视频来说，此软件足以胜任。

一个人如何拍视频

对许多创作者来说，拍摄视频是爱好或一份副业，因此拍摄视频往往需要由个人完成。在这种情况下，视频创作者的工作状态基本上如下：

- 自己先架设好相机，确定好焦点和构图，按下录制按钮，再跑到相机前面开始“表演”。
- 录制完一个镜头后，走到相机旁边按下停止录制按钮。
- 将相机架设到另一个场景，重复前面两个步骤。

这个操作过程显然非常麻烦，那么有没有更好的应对“单兵作战”拍摄场景的方法呢？

答案就是使用相机的Wi-Fi功能，通过Canon Camera Connect这个手机App连接相机，以通过手机控制相机。

根据这种方法，视频创作者架设好相机后，只需在手机上按开始录制按钮，即可遥控相机开始录制视频。

在录制过程中，可以随时通过手机监看视频画面，检查有没有脱焦、曝光是否正确。

如果对录制过程不满意，可以随时中止，再次调整状态。

还可以在手机上调整录制参数，之后再次开始录制，这样就可以大大提高视频录制效率。

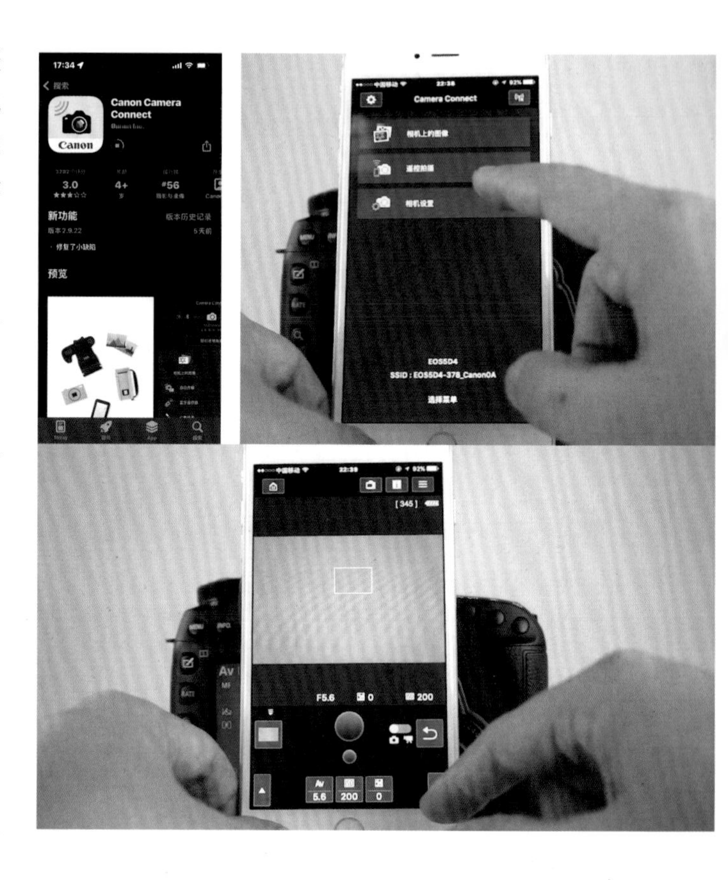

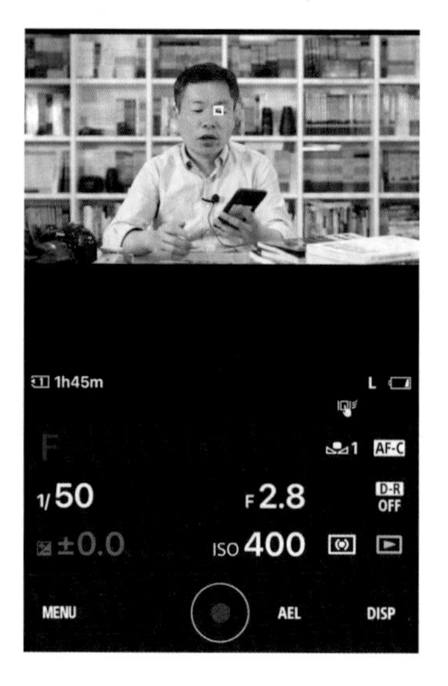

使用运动机位拍摄视频的方法

什么是运动机位

使用运动机位拍摄视频是指在拍摄视频时，利用稳定器、摇臂或电动滑轨等设备移动相机的视频拍摄方法。换言之，在拍摄视频的过程中，相机始终处于移动过程中。

此时，可以使用本书前面讲过的推、拉、摇、移、甩等多种运镜手法，使视频画面的变化更丰富。

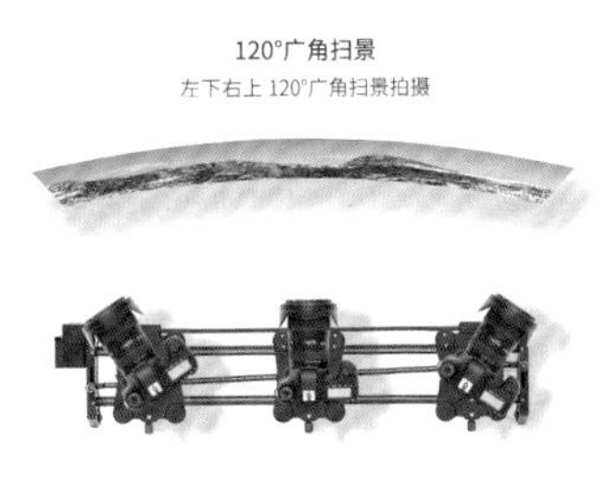

常用运动机位拍摄的视频

使用运动机位拍摄视频的方法通常应用于以下几种题材。

- 在拍摄探店、房屋介绍、小区介绍等类型的视频时，通常使用稳定器手持相机，采用推或拉的运镜手法，体现空间感。
- 在拍摄旅游风光类视频时，通常会使用摇、移、甩等多种运镜手法让视频转场更酷炫。
- 在拍摄延时视频时，通常使用电动滑轨缓慢移动相机，从而拍出视角缓慢变化的视频。
- 在拍摄人物纪实、采访类视频时，如果被拍摄的人物处于运动中，要使用稳定器或手持相机，跟随人物同步运动。

运动机位视频拍摄的两个难点

稳定性难点

如果拍摄视频时相机发生运动，创作者首先要确保相机的运动是平滑、稳定的，虽然有些相机内置稳定系统，但从使用效果来看，还是建议使用手持稳定器。

即便使用了手持稳定器，在拍摄视频时也要保持重心稳定，小步慢走，否则视频仍然有晃动的感觉。

为了避免画面出现轻微的抖动，有些创作者先以 4K 分辨率来拍摄视频，后期通过裁剪、平移等方法来模拟出镜头移动的感觉，但从效果来看，画面动感不如使用稳定器拍摄出来的更真实。

追焦难点

当以运动机位拍摄视频时，由于相机与被拍摄对象同时处于运动状态，因此对焦的难度会加大。

如果相机的对焦系统不够灵敏、强大，有可能导致被拍摄对象失焦。

如果在拍摄过程中相机与被拍摄对象之间有其他对象经过，也有可能导致被拍摄对象失焦。

如果拍摄场景的光线比较弱，或者主体与背景之间的对比不明显，也有可能导致相机失焦。

拍摄时要注意开启相机在视频拍摄模式下的跟踪对焦功能，并且在拍摄时尽量确保相机与被拍摄对象之间的距离恒定，或者使波动幅度较小，以提高相机跟踪对焦的成功率。

除了使用相机的自动跟踪对焦功能以后，如果对相机操作较为熟练，还可以使用手动对焦的方式来进行跟踪对焦，此时可以采取的方式有两种。

- 手动旋转相机对焦环来跟踪对焦，适用于拍摄成本不高，被拍摄对象及相机缓慢运动的场景。拍摄时，右手持稳相机，注视相机的液晶显示屏，观察被拍摄对象的焦点变化，左手缓慢旋转相机的对焦环。

- 给相机添加跟焦环套装，拍摄时要一边观察相机液晶显示屏或监视器，一边旋转跟焦环。这样的附件由于成本高、技术要求高，通常只用在剧组或视频团队中。

拍摄时避免丢失焦点的技巧

在拍摄运动的对象时，有时可能无法避免被拍摄对象与相机中间出现遮挡物，此时一定要通过控制“短片伺服自动对焦追踪灵敏度”菜单，以确保焦点不会丢失。

如何拍摄空镜头视频

空镜头的 6 大作用

空镜头是视频的重要组成部分，在短视频中应用较少，但在中、长视频中被广泛应用，概括起来空镜头有以下 6 大作用。

- 交代时间、地点、环境，如冬季、商场、午后，或者空旷的海边、日出时刻等。
- 过渡转场：利用与主题有关的空镜头可以从一个场景自如地切换到另一个场景，从而串接起两个或多个镜头。
- 给解说词留出时间：对于有旁白的视频，解说词的重要性可能重于视频。当需要长时间解说时，可以用空镜头来留出解说时间。

- 营造气氛、给出隐喻：视频主角难以言表的心情、动作、情绪等，可以借用空镜头来表达。例如，当表现主角悲伤的心情时，可以接入一段拍摄萧瑟凋零树木的空镜头画面；又如，当表现主角愤怒的情绪时，可以接入一段咆哮的海浪画面。

- 省略时间：一个空镜头在视频中只有几秒的时间，但却可以代替生活中更长的时间，如几年、十几年等。例如，前一个镜头是孩子的面孔，组接一个冬去春来的延时摄影空镜头，下一个镜头可以是一张成熟的面孔。
- 调节节奏：在内容量较大的视频中加入空镜头，可以缓解观众的视觉疲劳和听觉疲劳。

常见空镜头拍摄内容及拍摄方法

常见空镜头拍摄内容

实际上，空镜头并不存在固定的拍摄内容，所有可拍的对象，从本质上说均可以被拍摄为空镜头。但对新手创作者来说，可能对空镜头的拍摄内容还是有些迷惑，因此笔者在此总结了当前在网络上比较流行的几种空镜头拍摄内容。

- 拍摄蓝天下的绿叶：拍摄时可以手持相机缓慢移动，可以采用固定机位，可以旋转相机，也可以推或拉镜头，这样的空镜头几乎是“万金油”，可以应用在不同类型的视频中。同理，也可以拍摄蓝天下的花朵。

- 拍摄穿过树叶缝隙的阳光：这一题材适合逆光拍摄，使阳光在视频画面中产生光晕。同样的道理，也可以拍摄穿过手指缝隙、云层缝隙的阳光。
- 拍摄随风飘动的树叶、花朵：拍摄时可以考虑使用大光圈，以突出唯美的氛围。
- 拍摄车水马龙的街头：拍摄时可以使用延时视频的拍摄手法，以突出城市的快节奏；也可以使用拍摄慢动作的方法，使画面中的某一个行人、某辆车缓慢移动，以突出悠闲的情调。

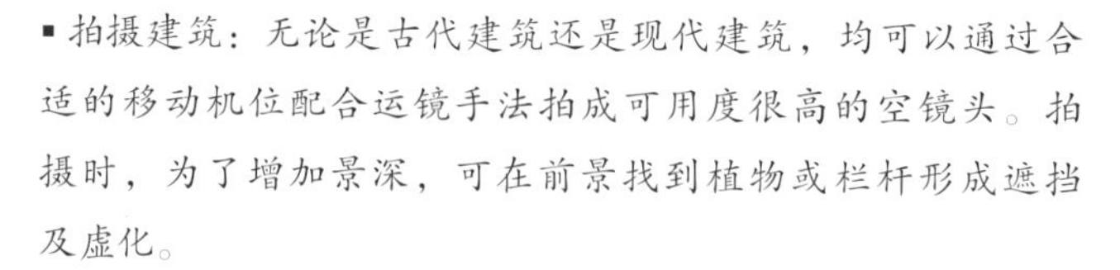

- 拍摄建筑：无论是古代建筑还是现代建筑，均可以通过合适的移动机位配合运镜手法拍成可用度很高的空镜头。拍摄时，为了增加景深，可在前景找到植物或栏杆形成遮挡及虚化。

其他如咖啡融解、信鸽飞翔、学生放学、老人蹒跚、风吹落叶、屋檐滴水等也都可以拍成空镜头，并根据视频的调性分别应用。

常见的空镜头拍摄方法

拍摄空镜头与拍摄主观镜头、客观镜头在技术上并没有区别，但在最终效果方面最好都是动感的。

- 当拍摄静止的对象时，最好采用移动机位或在固定机位使用可以拍出动感的推、拉、摇、移等运镜手法，从而让画面不显得单调。
- 当拍摄运动的对象时，可以采用固定机位进行拍摄，或者进行小范围的移动。

如果拍摄时机位无法移动，并且被拍摄对象也是静止的，可以尝试利用光影的移动来增强画面的动态效果。

如何拍摄绿幕抠像视频

绿幕视频的作用

如果要将人物与另一个场景进行合成，则需要提前拍摄绿幕背景视频。例如，在拍摄带货视频时，可以先拍摄主播讲解画面，再与工厂视频进行合成，或者将主播讲解画面与一个由 3D 软件渲染生成的场景进行合成，或者与计算机界面进行合成。

这也是许多电影常用的合成方式。

拍摄绿幕视频的方法

前期准备

要拍摄绿幕视频，需要在场地、灯光、幕布 3 个方面分别进行准备。

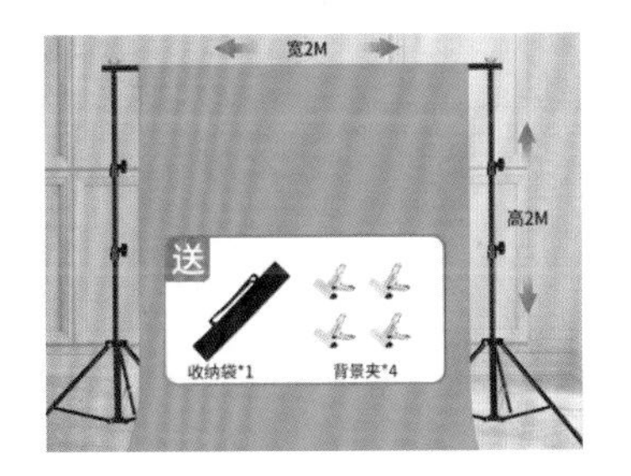

- 场地：主播距离背景幕布最好有1.5米的距离，以防止绿色幕布的颜色反射到主播身上。
- 灯光：要分别对主播及幕布打光，当给绿幕背景布光的时候，光线越平越好，这样能够确保幕布颜色均匀，没有高光点或者阴影块，以方便后期抠图，常见的方式是在幕布两侧 45° 的位置各放一盏灯。
- 幕布：根据场地及拍摄时所使用的镜头焦段，以不穿帮、漏背景为最低尺寸要求，幕布要尽量平整，以避免形成明暗不均的区域。

后期合成

完成拍摄后，即可使用剪映及 Premiere、Final Cut 等能够完成抠图并合成视频的剪辑软件进行处理。

以 Premiere 为例，只需使用“视频效果”功能里的“超级键”即可较完美地完成抠像合成任务。

获得本书赠课的方法

1. 打开微信，点击“订阅号消息”。

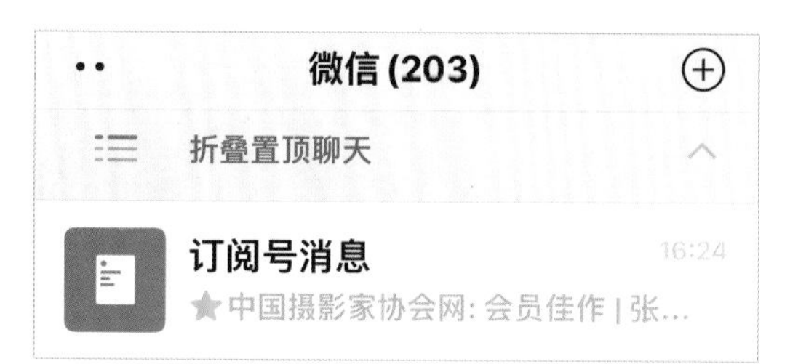

2. 在最上方的搜索框中输入“好机友摄影”。

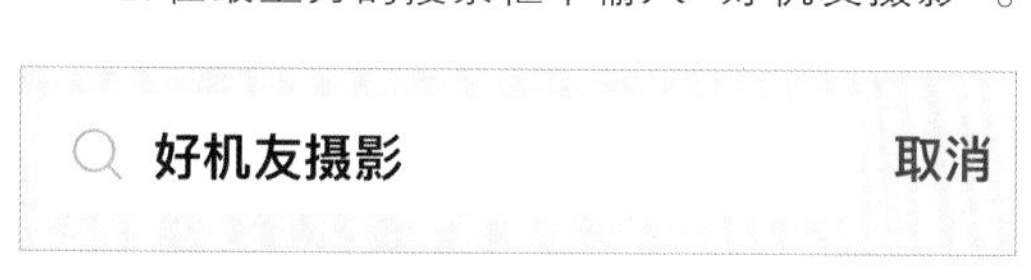

3. 点击“好机友摄影”公众号。

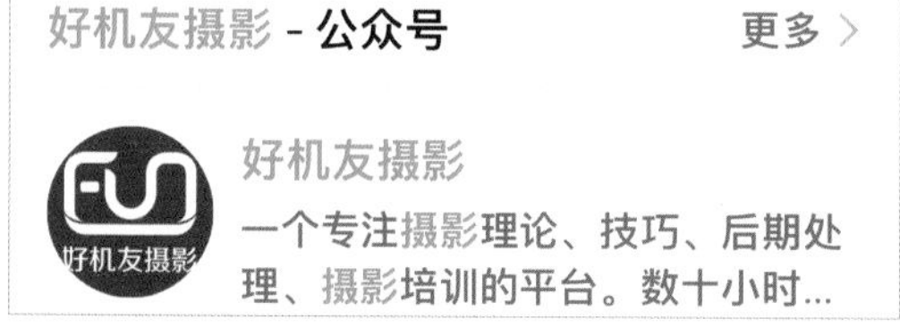

4. 点击右上角绿色的“关注”按钮。

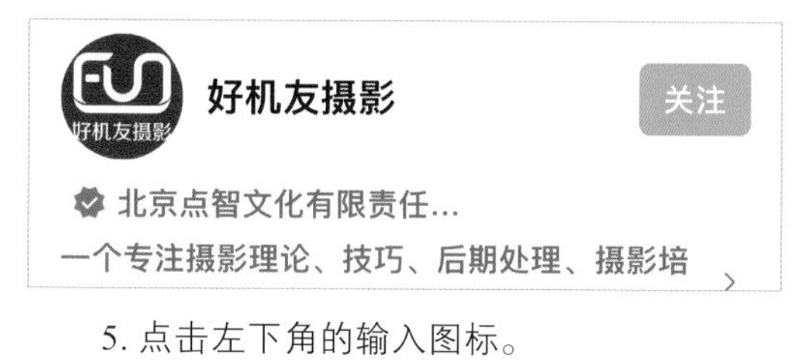

5. 点击左下角的输入图标。

6. 切换至文字输入状态。

7. 在输入框中输入本书第 183 页最后一个字，然后点右下角的“发送”按钮，注意只输入一个字。

8. 打开公众号自动回复的图文链接，按图文链接操作，即可激活课程。

9. 激活课程后，再次观看时，可以进入“好机友摄影”公众号，点击右下角的“我的课程”菜单。

10. 如果要在计算机端观看课程，需要访问网址 https://www.funsj.com/，然后用激活课程的微信号登录。

11. 如果使用的是智能电视，还可以通过手机将课程投屏到电视上观看。